高等院校工业设计专业系列教材

产品设计 调研与规划

Research and Planning of Product Design

U0286629

杨旸　白薇　编著

清华大学出版社
北京

内 容 简 介

产品设计调研与规划，可以让企业管理者及时了解市场经济环境下的设计和生产情况，这同时也是生产企业非常重要的工作。本书从产品设计调研和产品设计规划的角度帮助读者了解产品设计的内容、方法、工具以及团队中不同的角色。

全书共分 5 章，详细介绍产品设计调研与规划的概念、目的、意义等内容，涉及市场调研、顾客需求调研、设计研究方法、产品设计战略、规划产品生命周期、产品设计过程控制等。在具体讲解过程中，结合一些产品的案例进行阐述。

本书内容翔实，讲解生动，案例丰富，既可以作为工业设计相关专业的教材，也适合从事产品设计调研与设计开发的相关人员作为参考读物。

图书在版编目 (CIP) 数据

产品设计调研与规划 / 杨旸，白薇 编著 . —北京：清华大学出版社，2020.4（2024.1 重印）
高等院校工业设计专业系列教材
ISBN 978-7-302-53881-3

Ⅰ . ①产… Ⅱ . ①杨… ②白… Ⅲ . ①产品设计—高等学校—教材 Ⅳ . ① TB472

中国版本图书馆 CIP 数据核字 (2019) 第 212863 号

责任编辑：李　磊　焦昭君
封面设计：王　晨
版式设计：孔祥峰
责任校对：牛艳敏
责任印制：沈　露

出版发行：清华大学出版社
　　　　　网　　　址：https://www.tup.com.cn, https://www.wqxuetang.com
　　　　　地　　　址：北京清华大学学研大厦A座　　　　　　邮　　编：100084
　　　　　社 总 机：010-83470000　　　　　　　　　　　　邮　　购：010-62786544
　　　　　投稿与读者服务：010-62776969，c-service@tup.tsinghua.edu.cn
　　　　　质 量 反 馈：010-62772015，zhiliang@tup.tsinghua.edu.cn
印 装 者：三河市龙大印装有限公司
经　　销：全国新华书店
开　　本：190mm×260mm　　　　　印　张：8.25　　　　　字　数：251千字
版　　次：2020年4月第1版　　　　　　　　　　　　　　印　次：2024年1月第5次印刷
定　　价：59.80元

产品编号：068534-01

高等院校工业设计专业系列教材

编委会

主 编

兰玉琪
天津美术学院产品设计学院
副院长、教授

副主编

高 思

编 委

李 津	马 彧	高雨辰	邓碧波	李巨韬	白 薇
周小博	吕太锋	曹祥哲	谭 周	张 莹	黄悦欣
潘 弢	陈永超	张喜奎	杨 旸	汪海溟	寇开元

专家委员

天津美术学院院长	邓国源	教授
清华大学美术学院院长	鲁晓波	教授
湖南大学设计艺术学院院长	何人可	教授
华东理工大学艺术学院院长	程建新	教授
上海视觉艺术学院设计学院院长	叶 苹	教授
浙江大学国际设计研究院副院长	应放天	教授
广州美术学院工业设计学院院长	陈 江	教授
西安美术学院设计艺术学院院长	张 浩	教授
鲁迅美术学院工业设计学院院长	薛文凯	教授

序

　　今天，离开设计的生活是不可想象的。设计，时时事事处处都伴随着我们，我们身边的每一件东西都被有意或无意地设计过和设计着。

　　工业设计也是如此。工业设计起源于欧洲，有百年的发展历史，随着人类社会的不断发展，工业设计也经历了天翻地覆的变化：设计对象从实体的物慢慢过渡到虚拟的物和事，设计方法关注的对象也随之越来越丰富，设计的边界越来越模糊和虚化；从事工业设计行业的人，也不再局限于工业设计或产品设计专业的毕业生。也因此，我们应该在这种不确定的框架范围内尽可能全面和深刻地还原和展现工业设计的本质——工业设计是什么？工业设计从哪儿来？工业设计又该往哪儿去？

　　由此，从语源学的视角，并在不同的语境下厘清设计、工业设计、产品设计等相关的概念，并结合对围绕着我们的"被设计"的事、物和现象的观察，无疑可以帮助我们更深刻地理解工业设计的内涵。工业设计的综合性、交叉性和边缘性决定了其外延是广泛的，从艺术、文化、经济和技术等不同的视角对工业设计进行解读或许可以更完整地还原工业设计的本质，并帮助我们进一步理解它。

　　从时代性和地域性的视角下对工业设计历史的解读，不仅仅是为了再现其发展的历程，更是为了探索推动工业设计发展的动力，并以此推动工业设计进一步的发展。无论是基于经济、文化、技术、社会等宏观环境的创新，还是对产品的物理空间环境的探索，抑或功能、结构、构造、材料、形态、色彩、材质等产品固有属性以及哲学层面上对产品物质属性的思考，或者对人的关注，都是推动工业设计不断发展的重要基础与动力。

　　工业设计百年的发展历程给人类社会的进步带来了什么？工业发达国家的发展历程表明，工业设计教育在其发展进程中发挥着至关重要的作用，通过工业设计的创新驱动，不但为人类创造美好的生活方式，也为人类社会的发展积累了极大的财富，更为人类社会的可持续发展提供源源不断的创新动力。

　　众所周知，工业设计在工业发达国家已经成为制造业的先导行业，并早已成为促进工业制造业发展的重要战略，这是因为工业设计的创新驱动力发生了极为重要的作用。随着我国经济结构的调整与转型，由"中国制造"变为"中国智造"已是大势所趋，这种巨变将需要大量具有创新设计和实践应用能力的工业设计人才，由此给我国的工业设计教育带来了重大的发展机遇。我们充分相信，工业设计以及工业设计教育在我国未来的经济、文化建设中将发挥越来越重要的作用。

目前，我国的工业设计教育虽然取得了长足发展，但是与工业设计教育发达的国家相比确实还存在着许多问题，如何构建具有创新驱动能力的工业设计人才培养体系，成为高校工业设计教育所面临的重大挑战。此套系列教材的出版适逢"十三五"专业发展规划初期，结合"十三五"专业建设目标，推进"以教材建设促进学科、专业体系健全发展"的教材建设工作，是高等院校专业建设的重点工作内容之一，本系列教材出版目的也在于此。工业设计属于创造性的设计文化范畴，我们首先要以全新的视角审视专业的本质与内涵，同时要结合院校自身的资源优势，充分发挥院校专业人才培养的优势与特色，并在此基础上建立符合时代发展的人才培养体系，更要充分认识到，随着我国经济转型建设以及文化发展对人才的需求，产品设计专业人才的培养在服务于国家经济、文化建设发展中必将起到非常重要的作用。

　　此系列教材的定位与内容以两个方面为依托：一是强化人文、科学素养，注重世界多元文化的发展与中国传统文化的传承，注重启发学生的创意思维能力，以培养具有国际化视野的复合型与创新型设计人才为目标；二是坚持"科学与艺术相融合、创新与应用相结合"，以学、研、产、用一体化的教学改革为依托，积极探索具有国内领先地位的工业设计教育教学体系、教学模式与教学方法，教材内容强调设计教育的创新性与应用性相结合，增强学生的创新实践能力与服务社会能力相结合，教材建设内容具有鲜明的艺术院校背景下的教学特点，进一步突显了艺术院校背景下的专业办学特色。

　　希望通过此系列教材的学习，能够帮助工业设计专业的在校学生和工业设计教学、工业设计从业人员等更好地掌握专业知识，更快地提高设计水平。

天津美术学院产品设计学院
副院长、教授

前　言

　　李乐山教授在他的《设计调查》一书中写道："设计调查是一个崭新的领域，是设计专业应该具备的基本职业思维方式和行为方式之一，是设计师应该具有的一部分能力和知识，是设计过程中必不可少的步骤之一。"

　　产品设计调研与规划作为不可缺少的一门功课，可以使学生理解随着时代的发展市场经济环境下的设计和企业生产情况，同时调查研究和产品的生产规划也是生产企业非常重要的工作。所以，产品设计调研与规划是产品设计专业的必修课程。

　　高等院校的专业教育不能脱离社会的政治环境和经济环境，充分了解社会，关心社会发展，尽可能帮助企业生产，才符合国家提倡的产、学、研结合的要求。

　　"十三五"时期是我国全面建设小康社会的关键时期，是深化改革开放、加快转变经济发展方式的攻坚时期。工业是我国国民经济的主导力量，是转变经济发展方式的主战场。今后，我国工业发展环境将发生深刻变化，长期积累的深层次矛盾日益突出，粗放增长模式难以为继，已进入必须以转型升级促进工业又好又快发展的新阶段。转型就是通过转变工业发展方式，加快实现由传统工业化向新型工业化道路转变；升级就是通过全面优化技术结构、组织结构、布局结构和行业结构，促进工业结构整体优化提升。于是，以市场为导向，以企业为主体，强化技术创新和技术改造，增强新产品开发能力和品牌创建能力是我国目前的重要任务。

　　工业产品设计在企业的新产品开发和品牌创建方面可以发挥强大的作用。随着我国越来越重视文化产业的发展，文化创意和设计服务具有高知识性、高增值性和低消耗、低污染等特征。依靠创新，推进文化创意和设计服务等新型、高端服务业发展，促进与相关产业深度融合，是调整经济结构的重要内容，有利于改善产品和服务品质，满足群众的多样化需求，也可以催生新业态，带动就业，推动我国生产企业的产业转型升级。

　　目前，我国确定了推进文化创意和设计服务与相关产业融合发展的政策措施：

　　(1) 加强创意、设计知识产权保护，健全激励机制，推进产学研用结合，活跃知识产权交易，为保护和鼓励创新，更好地实现创意和设计成果价值营造良好的环境。

　　(2) 实施文化创意和设计服务人才扶持计划，支持学历教育与职业培训并举、创意设计与经营管理结合的人才培养新模式，让更多人才脱颖而出。

　　(3) 以市场为主导，鼓励创意、设计类中小微企业成长，引导民间资本投资文化创意、设计服务领域，设立创意中心、设计中心，放开建筑设计领域外资准入限制。

　　(4) 突出绿色和节能环保导向，通过完善标准、加大政府采购力度等方式加强引导，推动更多绿色、节能环保的创意设计转化为产品。

　　(5) 完善相关扶持政策和金融服务，用好文化产业发展专项资金，促进文化创意和设计服务蓬勃发展。

国家制定了相应的政策进行指导，设计教育就有了更加明确的目标和方向，尤其是科技迅速发展的今天，处于互联网时代的电子信息技术越来越发达，物联网、3D 打印、大数据、云计算、数字化、智能化等一系列概念的诞生，以有史以来最快的速度冲击着我们，实时了解国内外的科技发展状况，拓宽产品设计专业学生的视野，掌握切实可行的设计调研方法，客观地分析、研究、归纳调研结果，做出科学的设计规划非常重要。

本书在这样的社会大背景下，结合院校的教学特点编写而成。全书共分 5 章，第 1 章为产品设计调研与规划的概念；第 2 章阐述了产品设计调研与规划的目的和意义；第 3 章和第 4 章主要介绍产品设计调研的主要内容和具体方法；第 5 章介绍产品设计规划的具体内容与调控手段。

本书从产品设计调研和产品设计规划的角度帮助读者了解产品设计的内容、方法、工具以及团队中不同的角色。书中结合一些产品的案例进行阐述，既可以作为工业设计相关专业的教材，也适合作为从事产品设计调研与设计开发相关人员的参考指南。

本书由杨旸、白薇编著。由于编者水平所限，书中难免存在疏漏和不足之处，恳请广大读者批评指正。

本书提供了 PPT 教学课件资源，扫一扫右侧的二维码，推送到自己的邮箱后即可下载获取。

编　者

目 录

第3章　产品设计调研的内容　　27

第4章　产品设计调研的方法　　45

《第1章》
产品设计调研与规划的概念

随着时代的发展，人们对产品设计的认识不断深入，也不断细化。围绕产品设计这一学科，与产品设计一词相关的概念众多，例如工业设计、产品规划、设计管理、产品设计程序、产品开发、产品品牌规划等，诸多概念包含的内容有叠加、有重复，也有区别。并且，在我国高等院校中，以上这些概念多数已形成了各门课程，其讲授内容深浅不一，但每门课程都有产品设计调研与规划相关的内容。毕竟，设计是为人而做，人们有需求才需要设计，产品才有市场，设计才有意义，企业才能营利，所以，产品设计调研与规划可以说是产品设计过程中非常关键的环节。

"规划"一词在《现代汉语词典》中解释为两点：一是比较全面的长远的发展计划；二是计划安排。第二点比较容易理解，第一点的"长远"概念较模糊，多长算长呢？我国从 1953 年开始，以五年为一个时间段，做出国家的中短期发展规划，2016 年进入第十三个五年规划，这是站在国家的战略高度上，对国家的经济建设、科技和文化发展、人才合理利用等方面进行的全方位的长远规划。

对于企业来说，每个企业的发展规划依各企业性质不同、产品不同、面对的使用人群不同等，其规划阶段也是长短不一，要依据各企业自身的发展目标做决定。

那么，任何企业的产品都有其在市场上的寿命，产品设计就需要进行规划，做到有的放矢。可见，从产品设计调研与规划的概念入手，深入研究产品设计调研与产品设计规划，明确产品设计调研与产品设计规划等概念之间的关系，这对于设计师与公司企业都具有重要的现实意义，使产品设计与开发的过程更加顺畅有效。同时，根据需要分析不同地域的经济、文化、美学、技术、历史、自然环境等因素，结合实际，在特定的区域制订相适应的产品设计调研与规划，理论概念灵活运用，调研与规划相互结合，才能更有效地进行产品的设计与开发，产品设计学科才能更好地为社会服务。

1.1 产品设计

任何事物都不是独立存在的，它们的产生都有其所在的背景与语境，与其产生千丝万缕的联系。因此，研究产品设计调研与规划，首先要了解产品设计发生、发展、变化的背景，在这个背景下追溯过往，定位现在，展望未来。在大的背景下，我们研究产品设计调研与规划就更具有意义。

1.1.1　产品设计的历史概况

　　关于设计的起源，众说纷纭，一般分为广义与狭义两种。从广义上来说，从人类文明开始，当人类为了生存有目的地从事创造与制造活动的时候，设计已经出现了；从狭义上来说，普遍认为设计是从工业革命开始的，工业革命这一深刻的运动使设计从手工艺、艺术中分离出来，单独作为一种职业和学科存在，开始建立起自己的系统和理论。工业革命促使社会分工，从而催生了职业设计师的产生。并且，随着工业革命进程和社会变革的加深，新型学科与职业不断地产生，设计也是如此，设计渐渐从设计大类中又细分为工业设计、建筑设计、服装设计、平面设计等专业。

　　纵观历史，人们在工业革命之前经历了漫长的无意识的设计过程，设计活动融合在生活的各项活动中，与手工艺、艺术和技术相结合，正是因为这一时期的积累，才有了设计学科全面而迅速的发展。从 18 世纪开始，在生产领域前后发生了三次工业革命，如图 1-1 至图 1-3 所示。工业革命的发生使生产力与生产关系发生改变，社会分工更加细致。工业革命后，大机器生产广泛应用于生产领域，它区别于传统的工艺与艺术，是现代技术与艺术结合的大批量生产。

图 1-1　第一次工业革命

图 1-2　第二次工业革命

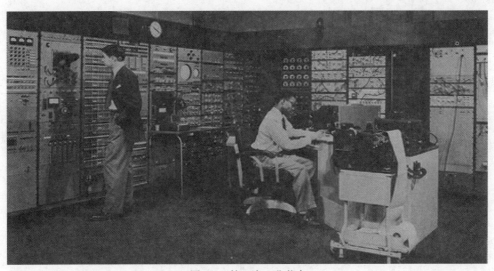

图 1-3　第三次工业革命

"工业设计"的概念是马特·斯坦于 1948 年首次提出的，之后随着人们认识逐渐深入，经历了多次修改和完善。1980 年，国际工业设计协会联合会在法国巴黎举行的第十一次年会上将工业设计修订为"就批量生产的工业产品而言，凭借训练、技术知识、经验及视觉感受，赋予产品的材料、结构、形态、色彩、表面加工及装饰以新的品质和规格，并解决宣传展示、市场开发等方面的问题，称为工业设计"。2015 年，国际工业设计协会在韩国召开第 29 届年度代表大会，将沿用近 60 年的"国际工业设计协会"正式改名为"国际设计组织(World Design Organization，WDO)"，会上还发布了工业设计的最新定义：(工业)设计旨在引导创新、促进商业成功及提供更高质量的生活，是一种将策略性解决问题的过程应用于产品、系统、服务及体验的设计活动。它是一种跨学科的专业，将创新、技术、商业、研究及消费者紧密联系在一起，共同进行创造性活动，将需要解决的问题、提出的解决方案进行可视化，重新解构问题，并将其作为建立更好的产品、系统、服务、体验或商业网络的机会，提供新的价值以及竞争优势。(工业)设计是通过其输出物对社会、经济、环境及伦理方面问题的回应，旨在创造一个更好的世界。

"产品设计"的说法是近几年在国内流行起来的，众多院校也将工业设计的专业名称改为产品设计，对于两个说法的定义也是众说纷纭，一般认为产品设计是工业设计范畴内的学科。从广义上说，工业设计的范畴包括产品设计、视觉设计和环境设计三大领域。产品设计涉及的内容很广，产品设计的复杂程度也大不相同，和产品设计相关的各门学科和领域也相当广泛。

产品设计是有计划、有步骤、有目标、有方向的创造活动，每个步骤都有相应的内容和目的，不断地推进设计的进程。研究产品设计调研和规划，了解和掌握产品设计的流程是必要的。新西兰工业设计协会主席道格拉斯·希思将一般设计程序分为六大步：①确定问题；②收集资料和信息；③列出可能的方案；④检验可能的方案；⑤选择最优秀方案；⑥施行方案。道格拉斯·希思对设计程序概括精练而准确，适用于所有的设计发展的过程，而对于公司企业的新产品开发，设计流程更加细致，每个环节之间要求联系紧密，执行性较强。一般认为，产品设计流程大体分为 6 个部分：概念出现、背景调研、制订产品纲要、概念设计、设计开发和市场。例如，某公司制订的产品设计方案时间计划表如图 1-4 所示。

产品设计方案时间计划表

时间 内容	1	2	3	4	5	6	7	8	9	10	11	12	13	14	15	16	17	18	19	20	21	22	23	24	25	26	27	28	29	30	31
市场调研					↑																										
调研报告						↑																									
设计讨论							↑																								
设计构思										↑																					
构思分析											↑																				
设计展开														↑																	
方案效果绘制															↑																
方案讨论																	↑														
设计深入																			↑												
设计模型图纸																				↑											
设计模型制作																									↑						
设计方案预审																											↑				
设计制图																													↑		
设计综合报告																														↑	
设计方案送审																															↑

图 1-4　产品设计方案时间计划表

1.1.2　产品设计的一般过程

1. 概念出现

设计的概念出现一般分为两种情况：一种是企业根据对市场和社会的调研，寻求未来的设计方向和发展方向，为企业占领未来商机，以保证企业的长期发展。

另一种是指针对客户指定的某类产品进行产品设计开发，即企业提出设计要求，设计师接受任务制订计划。

2. 背景调研

背景调研是进行产品设计的基础。首先，一个产品存在背景的研究，其中包括文化因素、经济因素、社会因素等，不同环境下的产品需求也随之不同。其次，是对用户和客户的搜索与研究，了解用户的欲望、需求和潜在需求。最后，对产品进行市场调研，了解竞争对手的产品，对此进行分析与评估。

设计是一个过程，其中设计实践与设计调研是相互交叉同时进行的，二者缺一不可，产品设计本身就是一个不断探索与分析的过程，设计过程中的调研活动能引导设计师对设计方向的把握以及对设计的深入。探索阶段的调研方法包括反思日志、访谈、问卷调查、焦点小组、观察法、民族志、角色模型、品牌研究、市场调查、零售研究等。

3. 制订产品纲要

成功的产品设计开发不仅需要创新的想法，更需要把想法转化为准确清晰的产品纲要，它表现了产品设计发展的具体方式。纲要是整个产品设计的基础，它包含了设计师所要了解的内容、广阔的需求、抽象的概念、初期的范围和限制。在项目初期，产品纲要有些细节内容比较模糊，需要在项目进程中不断细化和完善。

在产品纲要内容中要确定用户需求，这就需要企业对产品进行准确定位。所谓产品定位，是指公司为建立一种适合消费者心目中特定地位的产品，所进行的产品策略企划及营销组合的活动。企业公司为创立品牌特色，树立特定的市场形象，以满足消费者某种需求和偏爱的心理意向及行为方式。产品定位策略要体现在实体的构造、形状、成分、性能、命名、商标、包装、价格等直观方面。

4. 概念设计

概念设计阶段是将前面调研和分析获得的信息资料进行总结，将文字概念化的想法用视觉性的语言表现出来，此阶段表现为由粗到精、由模糊到清晰、由抽象到具体的不断进化的过程。

在概念构思阶段，创意想法是最关键的，因此不要考虑过多的限制因素，这会限制想象的空间。随着想法的展开和深入，对概念想法的积累和筛选，更加深入地考虑功能、形态、色彩、质地、材料、加工、结构等方面的综合因素，以确定此设计主要解决的问题。概念设计的发展需要用设计表现图和模型来表达，用图示代替文字，使设计图和模型具体形象地表达出设计所要传达的含义。经过大量积累和实验后，设计师对多个方案进行分析、比较和评估，从而筛选出最终的设计方案，如图 1-5 和图 1-6 所示。

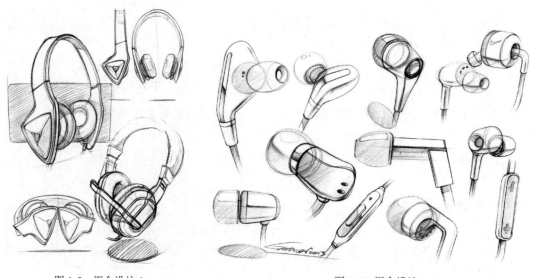

图 1-5　概念设计 1　　　　　　　　　　　　　图 1-6　概念设计 2

5. 设计开发

在产品的基本样式确定后，要对产品的细节进行推敲，对产品的结构要求进一步确定，这需要细致的工程制图。工程制图通常具有清晰的产品构造，包含更多的技术可行性的探索，以帮助设计师讨论和深化设计。产品模型依据初步定型的产品设计方案，按照一定的尺寸比例，运用适合的材料制作成接近真实的产品立体模型。这种接近真实的产品模型能更加准确、直观地反映设计创意，进一步检验产品设计中可能出现的问题，为进一步完善设计方案提供可靠的依据。经过反复调研、讨论、分析、修改，最终的产品设计方案确定后，通过对样机进行一系列的测评和验证，即可制作模具，投入生产。

6. 市场

产品的市场推广是产品设计中需要考虑的重要因素，产品的品牌、标识、口号、广告、营销、包装等都能加强人们对产品的认识，产生身份认同感，刺激购买欲望。产品投入市场后，要迅速展开调研，得到消费者对产品的意见和感受以及市场反应。通过对这些意见和反馈的整理及分析，吸取经验并进一步调整产品方案，为以后的产品开发做好准备。

作为设计人员，需要理解市场和识别市场，深入了解目标市场中人们的生活和工作环境，进而确定设计的目标以及内容。作为企业管理人员，同样需要理解市场，需要运用到市场营销的方法了解市场，以分辨和确定市场是否真的有机会。

1.1.3　产品设计的地域性文化特征

在《现代汉语词典》中"地域"一词解释为：①面积相当大的一块地方，如地域辽阔；②地方（指本乡本土）。这样看来，放眼全球的话，每一块人类聚集的区域随着历史长河的积淀，会形成各自的文化特征，也可以理解为：地域文化是在一定的地域范围内长期形成的历史遗存、文化形态、社会习俗、生产生活方式等。设计从业者为不同地域的人们设计产品时，应详细调研该地域人们的历史发展、文化、习俗、生活方式等诸多内容。

历史发展的过程就是通过人们自身的活动现实地生成的过程，同时，也是一个地域范围内人们的思想活动的过程，当人们跨入一个新时代时，常常回顾历史，其目的是总结经验教训，明确下一个历史阶段的发展方向及人们的行为思想，新时代的新事物层出不穷，演变至今，各地域的文化随之蓬勃发展，社会习俗及生活方式会有部分保留。图 1-7 所示为保留的传统建筑。

图 1-7　中国传统建筑 (天津蓟县独乐寺)

人们的居住环境也会发生新的变化，但仍会保留其传统。这对于产品设计来说，充满了挑战，尊重各地域的人类文化特征，才能设计出适合该地域的产品，充分了解这样的市场是必不可少的环节。例如，对于色彩的运用，各个国家或各个地域对色彩有不同的认识或社会习俗，白色在欧美一些地区是纯洁的象征，结婚时女性的礼服多为白色，而在亚洲一些国家，则视白色与死亡有关，丧服多为白色，可见，这是截然相反的认识或偏好；蓝色在欧美基督教国家是天国的象征，意味着美好、幸福，而在阿拉伯国家却是死亡的象征色。这样的例子比比皆是，尽管随着时代的发展，有些方面会逐渐淡化，甚至消失，但这充分说明了产品设计必须时刻关注各地域的文化发展状况，把产品设计调研做到精、细、准，产品设计规划应在调研的基础上，增加一定的灵活度，把握市场的发展状况，在每个阶段适时进行科学调整，才能使产品设计最大化地为企业赢得市场。

20 世纪 50 年代中期，美国学者温德尔·史密斯提出一个"市场细分"的概念，如图 1-8 所示。

图 1-8　温德尔·史密斯的"市场细分"概念

7

企业在市场经营活动中，为了更好地满足消费者日益增长的物质和精神需求，需要根据一定的标准，把市场划分为拥有特定消费者群以及更细小的市场。市场细分是企业制订市场营销策略和选择目标市场的前提，通常把经济形态、地理环境、消费者性格和购买行动等因素作为划分的标准，从而对成千上万消费者构成的市场进行细分。这个概念同时影响产品设计领域，在理论上其同样关乎有形产品企业设计的经营策略，在这类企业中，规划其发展方向时，将"市场细分"的概念延伸、转化为对于各地域文化特征的关注及市场划分，通过翔实的实地调查研究，了解市场需求，从而将产品设计做到更加贴合该地域人们的文化形态、社会习俗及生产生活方式，进而占领市场，使企业得到长久的发展。

1.2　产品设计调研的概念与原理

1.2.1　产品设计调研的概念

产品设计调研的概念是从西方引入中国的，由于文化语言的差异和翻译的灵活性，在中文意思里，设计调研、设计研究、设计调查这三个词虽然有差异，但都可以被认为是产品设计调研用来进行设计的研究与实践。那么，产品设计调研的概念到底是什么呢？

相比其他自然科学和人文科学等领域的学术理论，产品设计调研是一门相当年轻的学科。产品设计调研概念的形成与运用，实际上是在其他相关学科基础上发展而来的。由于设计的不断发展，它由倾向于艺术化的主观表现的造型外观设计，逐渐演变为兼顾工艺、市场需求、用户需求、节约成本、可持续发展等因素的学科，并且这门学科会不断充实和完善，因此，产品设计调查和研究的发展更趋向于系统化、结构化，目前被更多的各种复合跨界因素影响着，包括语言、社会、文化、物质、感官、情绪等。因此，产品设计调研还没有一套独特的方法。目前只有一些实际操作的调研方式，其系统是建立在科学、人类学、文学、艺术史、社会学和语言学上的，要清楚产品设计调研的概念就要首先弄清楚设计的概念。

我们发现，对于"设计"这个词，不同的人有着不同的理解，并不像其他职业化的词语一样有明确的定义。研究或调研从广义上来说，是学习并运用先进的现代化知识，来创造出一些新的理论。例如，学者的论著，首先要通读这个领域里最新的知识，用这些已经存在的事实，创造性地得出自己的解释。设计再进行细分，可以分为两大类：一是应用研究；二是学术研究。"应用研究"是基于可预见性的、可实现的未来和目标，企图创建一个崭新的产品。例如，公司企业通过调查、研究，找到问题和创新点，达到利益的最大化。"学术研究"也被称为基础研究，没有明确的目标，主要目的是在一个特定的学术领域内做研究，然后发表论文，它的研究结果可以被其他研究所用。

那么，产品设计学科的调查与研究是哪一类呢？日本武藏野大学提出"设计是追求新的可能"。国际工业设计协会前主席亚瑟·普洛斯说："工业设计是满足人类物质需求和心理欲望的富于想象力的开发活动。设计不是个人的表现，设计师的任务不是保持现状，而是设法改变它。"由此可见，设计是把某种计划、规划、设想和解决问题的方法，通过视觉语言传达出来的过程。因此，产品设计作为设计体系中重要的一支，是工业设计的核心，它的调研既有学术价值，又有现实意义，理论与实践相结合才是这个学科的特质。

清华大学美术学院教授柳冠中认为："设计研究不仅提供知识，研究本身也是一种设计，二者是不可分割的部分，之间并无明显界限。"我国工业设计协会常务理事李乐山在解决问题的角度上表述设计调研的概念为："它能使人们跳出自我中心的观念，换位思考来理解用户的需求。"

鉴于国内外知名专家、学者的观点，我们认为产品设计调研是一个不断进行中的过程，开始于研究领域内最初的发现，伴随着用户研究、企业研究、市场研究等一系列过程，发展并综合设计构思，最后进行材料、加工工艺和设计方案的测试和评价。产品设计调查研究从初期到深入再到得出调研的结果，这将是一条崎岖不平的道路，也是在这里，演绎着迷人的和意想不到的启示。

1.2.2 产品设计调研的原理

从 20 世纪 50 年代末到 70 年代初，美国学者尝试对人类学习中的多个领域进行分类：认知的、情感的和心理的。由此产生了一系列在每个领域中的分类法。在认知领域，主要有两种分类：一是布鲁姆分类学，它是美国教育家、心理学家本杰明·布鲁姆于 1956 年在芝加哥大学所提出的分类法，试图去定义思考、了解和认知的功能；二是布鲁姆的学生劳瑞·安德森与他的工作伙伴大卫·克拉斯和尔对布鲁姆分类的重新定义，被称为安德森和克拉斯和尔分类。

布鲁姆分类具体分为如下 6 个阶段，如图 1-9 所示。

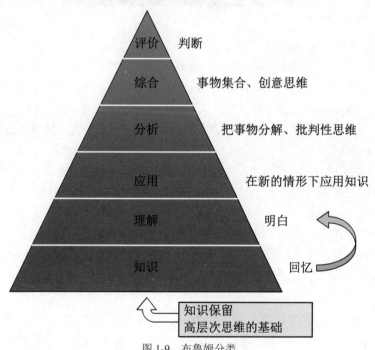

图 1-9　布鲁姆分类

第一阶段：知识阶段，是指积累资料和知识记忆，包括对知识的了解、识别、联系、定义、回忆、重复、记录等。

第二阶段：理解阶段，能够掌握和构建知识及材料的意义，能够对知识进行解释、描述、讨论、推断、审查、区分等。

第三阶段：运用阶段，将所学的知识变成一种能力，运用到学习和工作中，例如对知识的应用、开发、组织等。

第四阶段：分析阶段，能够就某一部分问题，分析各个部分之间的关系，能够更好地理解这部分问题，例如对某一材料的分析、比较、调查、区分等。

第五阶段：综合阶段，是以分析为基础，全面加工已分解的各要素，并有能力将它们按要求重新组合成整体，表现为对材料的归总、设计、创新、概括、开发等。

第六阶段：评价阶段，有能力对材料的价值进行评价、检查，甚至批判，表现为对材料的评估、比较、批评、结论、推断、选择等。

安德森和克拉斯和尔分类也分为 6 个阶段，如图 1-10 所示。

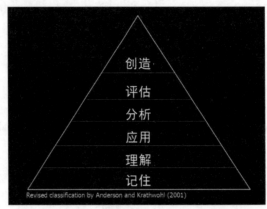

图 1-10   安德森和克拉斯和尔分类

第一阶段：记住阶段，是对知识的回忆和检索。

第二阶段：理解阶段，能够掌握和构建知识及材料的意义，例如对材料的解释、举例和分类。

第三阶段：应用阶段，通过实践对知识材料进行应用，实现知识的作用，例如通过制作模型、演讲、采访和模拟等方式。

第四阶段：分析阶段，将材料或概念分解成部分，确定各个部分相互的关系或部分与整体的关系，以更好地理解材料。

第五阶段：评估阶段，通过审查资料在标准和规范的基础上做出判断，对材料的批评和建议正是产生评估的过程。此阶段通常是"创造"之前不可缺少的部分，它从布鲁姆的第六阶段移到了第五阶段。

第六阶段：创造阶段，创造阶段要求有能力把各种元素组合起来形成一个连贯、统一的整体，重组各个部分形成新的模式或结构。"创造"需要研究者用新的方式去组合材料或者通过组合材料而形成新的、独特的形式和产品。此阶段在新的分类中是最困难的一类，在布鲁姆分类中，它是放在第五阶段综合阶段中的。

由布鲁姆分类与安德森和克拉斯和尔分类的对比中发现，安德森和克拉斯和尔分类将原来的第五阶段和第六阶段调换了位置，并赋予新的定义"创造"，使教育和学习的最终难度归属于创造。"创造"正是产品设计最为重视的，产品设计调研是一个有机的过程，产品设计调研作为一种设计方法和手段，本质上是学习、思考和创造，产品设计调研的目的是通过调查研究，对资料的分析、理解和应用，最终得到新的研究成果，这个过程是循序渐进不断升华的，它们表明调研就是一个从获取知识，直到能熟练运用，再到创新的过程。

1.2.3 与产品设计调研相关的术语

产品设计调研是一个不断提出疑问、不断试验的过程，在这个过程中会运用到一些调研方法，这些方法已经被定义为专业术语，并普遍用于调研之中。研究者需要了解和熟悉这些专业术语，并且有能力在调研的过程中熟练地运用它们，指导产品设计调研和实践的发展。

1. 实践指导的研究

在前面已经讨论过什么是设计调研，设计调研是收集数据、信息和事实，系统地调查和研究所收集内容，形成详细、准确、全面的学术研究，调研旨在发现、解释或者挑战某些事实或想法。调研与实践的关系是相互联系、相互影响并同时进行的，因此，调研与实践又称为实践指导的研究与研究指导的实践。英国艺术与人文研究理事会(Arts and Humanities Research Council, AHRC)对于实践指导的研究有以下几个重要的规定。

(1) 在研究过程中必须提出一系列的研究问题并解决它们，在这个过程中，得到知识的积累和对所研究问题相关资料的理解的加强。这些积累和对问题逐渐深入的过程非常重要，只有广泛大量地进行研究工作，才能从中找到有针对性的研究方向，随着问题的深入，研究的进程得以不断地推进。

(2) 在实践指导的研究中必须指出为什么解决这些特殊的问题是非常重要的；要了解在这个领域里，其他正在进行的或者已经完成的研究做了什么；并且得出这个研究项目在促进创造力、洞察力、知识和理解等方面的特别贡献。在发现问题并尝试解决问题后，研究者要时刻清楚这些研究工作的目的和作用是什么，怎样运用它们来帮助自己的研究，在研究别人的工作后要有自己的研究成果。

(3) 必须确定解决问题和回答问题的研究方法，同时解释运用你选择的研究方法的原因。不同的研究性质和研究课题有不同的研究方法，一个研究课题用不同的研究方法也许研究结果就会不同，使用的研究方法必定和研究目的、研究方向和现实因素是关联的，所以选择合适的研究方法很重要，并且要说明选择的原因以支撑你的观点。

2. 初级研究、二级研究、三级研究

研究是一个复杂的过程，选择正确的研究方法可以确保你需要的研究结果，帮助你避免在设计和研究中做多余的工作。研究方法有很多，但是它们都可以归纳到三个清晰的研究层级中，这三个层级分别是：初级研究、二级研究和三级研究。

初级研究：是指通过自己的调查研究产生新的研究成果，主要是收集原始数据等第一手资料，使研究者增加新的知识，并且，初级研究通常是以最佳的方式来开展一个项目，因为它会使研究者快速地投入并产生最初的想法。初级研究的方法包括调查问卷、采访、调查、观察等。

二级研究：是对其他研究者或专家的研究进行再次回顾和研究。二级研究与初级研究相比，主要关注于他人的研究与工作，它可以被用于通过一些初级研究后，研究者已经产生大概的设计想法时，也可以通过二级研究广泛地观察再找到某一方面可以集中研究的领域。因此，二级研究的内容与初级研究不同，需要二手资料的收集。二手资料的来源主要有内部资料和外部资料两个渠道，其中外部资料主要有：①政府机关资料；②业界资料、企业资料；③市面上的出版物等；④面向业界或者专家的出版物；⑤互联网网站；⑥会员制数据服务；⑦会员制定期调查报告。内部资料主要有：①经营资料；②销售、营业资料；③调查报告；④顾客信息。

三级研究：是二级研究的回顾和总结。三级研究是研究者从二级研究中收集的资料里选取若干其他研究者的研究成果,将它们进行对比、讨论和总结,最终合成一篇研究资料。

简单来说,初级研究是你自己所做的研究工作,包括采访、调研和调查问卷,二级研究是在已经出现的学术研究和调研中进行的,三级研究则是二级研究的集合,从而形成新的研究结论。

3. 定量研究与定性研究

研究需要运用研究方法,简单来说,就是你决定怎样进行你的研究,你决定采用怎样的方式和方法。在科学和社会科学领域,随着时间的推移,已经建立了一些实践与研究的标准方法。定量研究和定性研究就是其中常用的两种方法。

定量研究:这种研究方法关注于研究统计数字的趋势、事实和可量化的东西(如事实、数据和测量)。定量研究通常被用于对研究对象进行相关的统计与测量,它是对现实存在的事物进行研究的,以数据和事实来反映研究中出现的问题,得到对研究整体的认识和印象。在定量研究中,所有研究资料用数字和事实来表示,在得到这些资料后要对其进行处理和分析。处理和分析资料时也要选择适合的尺度,史蒂文斯将尺度分为四种类型,即名义尺度、顺序尺度、间距尺度和比例尺度。

定性研究:这种类型的研究提出问题,如"为什么……",而不是"怎样……",而且这些问题可能是我们所熟悉的,只是我们平时不会深入地询问。定性研究包括分析文档、设计、记录、图片、电影、文字等。它不是关于统计、数据、事实和数字;相反,它是关于态度、动机、灵感和洞察的研究。定性研究的主要方法包括:与几个人面谈的小组访问,要求详细回答的深度访问等。

关于定量研究与定性研究的区别,中国传媒大学龙耘教授认为这两种研究的根本性区别有如下三点。

第一,两种方法所依赖的哲学体系有所不同。作为定量研究,其对象是客观的、独立于研究者之外的某种客观存在物;而作为定性研究,其研究对象与研究者之间的关系十分密切,研究对象被研究者赋予主观色彩,成为研究过程的有机组成部分。定量研究者认为,其研究对象可以像解剖麻雀一样被分成几个部分,通过这些组成部分的观察可以获得整体的认识。而定性研究者则认为,研究对象是不可分割的有机整体,因而他们检视的是全部和整个过程。

第二,两种研究方法在对人本身的认识上有所差异。定量研究者认为,所有人基本上都是相似的。而定性研究者则强调人的个性和人与人之间的差异,进而认为很难将人类简单地划归为几个类别。

第三,定量研究者的目的在于发现人类行为的一般规律,并对各种环境中的事物做出带有普遍性的解释;与此相反,定性研究者则试图对特定情况或事物做出特别的解释。换言之,定量研究致力于拓展广度,而定性研究则试图挖掘深度。

由于方法论上的不同取向,导致了在实际应用中定量方法与定性方法明显的差别,主要体现在如下几个方面。

(1)研究者的角色定位。定量研究者力求客观,脱离资料分析。定性研究者则是资料分析的一部分。对后者而言,没有研究者的积极参与,资料就不存在。

(2)研究设计。定量研究中的设计在研究开始前就已确定。定性研究中的计划则随着研究的进行而不断发展,并可加以调整和修改。

(3)研究环境。定量研究运用实验方法,尽可能地控制变量。定性研究则在实地和自然环境中进行,力求了解事物在常态下的发展变化,并不控制外在变量。

(4) 测量工具。在定量研究中，测量工具相对独立于研究者之外，事实上研究者不一定亲自从事资料收集工作。而在定性研究中，研究者本身就是测量工具，任何人都代替不了他。

(5) 理论建构。定量研究的目的在于检验理论的正确性，最终结果是支持或者反对假设。定性研究的理论则是研究过程的一部分，是"资料分析的结果"。

定量研究与定性研究在不同的研究中都发挥着各自不同的作用和效果，研究者要根据研究主题、研究性质、研究目的和实际情况，选择合适的研究方法。

4. 文献综述和语境回顾

1) 文献综述

文献综述是公认的一种正式的学术研究，即一个与研究者研究课题相关的已出版书面材料的搜索，是一个学术任务开始的初步研究，是一个在研究课题进行中帮助研究者理解关键问题和相关信息的方法。文献综述不仅是对别人研究成果的总结，而且要求研究者对学术专家和研究人员所写的与自己课题相关的书面材料怀有批判性的态度，并且在研究中发表自己观点的一种方式。文献综述证明研究者已经阅读了相关的资料，并深刻了解了在所研究的区域里主要的已发表的文献。

那么，怎样开始文献综述呢？首先要选择一个研究主题，研究主题可以是产品设计最初的概念想法。其次，要确定相关书面信息来源，一般文献资料来源于以下几种方式：学术文章、期刊、书籍、杂志、数据库、政府或慈善机构和其他专业机构的报告、其他相关文献回顾等。收集和阅读文献资料时要注意保持记录，以免最后整理参考书目时遗漏，呈现时用标准的形式列出参考书目，并保持版式的一致性。

文献综述虽然没有严格的形式上的要求，但是应包含如下三个主要部分。

(1) 介绍。此部分为读者设置了文献综述整体的语境和背景。

(2) 文章的主体部分。此部分通过对不同的观点、理论和方法的批判性的辩论进行讨论。把观点集合在一起，然后比较不同作者的不同观点。在做文献综述的研究中要保证一直与自己的设计实践相联系。并且还要讨论在前人研究中可能出现的漏洞，以及未来需要进一步发展的方向。

(3) 结论。此部分为主要问题的概要。

2) 语境回顾

语境回顾相比较文献综述，是依据你的研究主题，进行包含着更广泛的非文字资料的研究。语境回顾贯穿整个设计项目，它是一个持续不断的过程，记录这个过程非常有意义。一般语境回顾的资料来源于以下几种方式：作品展览、表演、三维形式、数码形式等。

语境回顾与文献综述相同，应包含以下内容。

(1) 介绍。此部分为读者设置了文献回顾整体的语境和背景。

(2) 文章的主体部分。此部分主要是你对材料批判性的评估、对比和发展出一个自己的观点，并探索这些观点怎样影响自己的设计实践。

(3) 结论。此部分为观点的总结概括。

因此，语境回顾的内容范围应包括：展示对研究主题的历史性和当代性的语境的理解；批判性地评估与你研究相关的材料，找到目前该研究中的知识缺口，而不是将从前的观点再一次地重复；最后考虑到研究成果怎样影响自己在实践中的创新。

文献综述与语境回顾有各自的特点，但是在产品设计中缺一不可，它们是同时进行、相互补充的，因此我们对文献综述与语境回顾进行总结，它们都需要设计师或研究者做到以下几点。

（1）确定你所要研究的课题。研究课题可以从自己的设计实践中遇到的问题着手，也可以是最初的设计想法，或者是针对某些研究成果和理论等。

（2）找到已有的与你研究相关的可信资料。尽可能多地寻找与自己研究相关的资料，同时也要注意资料的来源和可信度。

（3）着重研究作为模范的研究经典。在广泛阅读资料后，针对自己的研究方向，有选择地着重研究公认的经典会使研究更加具有说服力。

（4）对比不同作者对同一问题的看法和观点。在文章资料中找到不同作者对研究问题的观点并进行对比，在对比分析中产生自己的见解。

（5）把你的研究放在历史的背景下进行。把研究放在历史的背景和语境下，能够更深入地理解研究对象，并分析事物的发生、发展。

（6）运用科学的研究方法。找到适合自己研究的方法会使研究工作事半功倍。

（7）着重寻找研究的突破口。研究的目的不是重复前人的工作，而是在别人的基础上发现可以发展的方向或存在的漏洞。

（8）说明你的研究与之前的研究工作有什么关系。研究工作与实践工作是分不开的，要说明研究与实践是怎样相互联系、相互促进的。

（9）建议怎样进一步的研究发展。研究可以是持续不断进行下去的，在某一阶段可以是一个结束点，但同时要指出研究应怎样继续发展。

1.3　产品设计规划

1.3.1　产品设计规划的概念

产品设计规划 (Product Design Planning) 中的 Planning 是由拉丁文 Planum 演化而来的，本意是指"平滑的表面"，根据牛津词典记载，Planning 一词进入英文词汇的时间大约在 17 世纪，当时的字义主要是指"在一个水平的表面上绘制图形，例如地图或蓝图"，随着社会的发展，词义发生了巨大变化，演变为可以包罗万象的人类活动。

而 Planning 一词开始并没得到足够的重视，设计的理念还停留在单一的产品外观设计上。随着社会发展，中国由计划经济转型为市场经济，中国进入世界市场，设计理念也随之发生了根本性的转变。同时，大众消费模式兴起，越来越趋向于复杂化与多样性，这对企业生产造成了强烈影响，因此，Planning 开始成为企业发展与竞争的重要手段与方法。这类著作还有很多，如图 1-11所示。

Planning 可以翻译成：规划、策划、计划、企划。虽然英文同为一个词语，却有如此多的翻译，这可以说明 Planning 在不同的情况下，它的侧重点不同，我们在《辞海》中发现，它们都有谋划、计谋、计划、谋略、打算等意思。经过调研发现，在目前的大部分关于 Product Design Planning 的书籍和研究资料中，主要翻译为产品设计规划和产品设计企划，这是什么原因呢？

翻译为"企划"一词，更多地体现了与企业经营的关系。"规划"在词典里的意思是"个人或组织制订的比较全面长远的发展计划，是对未来整体性、长期性、基本性问题的思考和考量，设计未来整套行动的方案"。第一位华人企业管理博士、台湾大学商学系教授陈定国指出，"企划"古时候称为运筹、用计、筹划等。"规划"意为更长远性、全局性和概括性的行动。"计划"则是企划的具体结果。可以看出，"企划"与"规划"是 Planning 最贴切的翻译，而 Plan 的常用词性是名词，也就是翻译为"计划"最贴近原意；所以，"企划"与"规划"是动词，犹如原因，"计划"即为结果。因此，作为企业长期、稳健发展的策划与战略，我们把 Planning 翻译为"规划"与"企划"是最合适的。

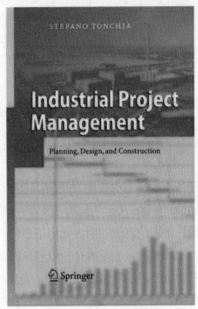

图 1-11　相关的著作

那么，产品设计规划的概念到底是什么呢？我们总结出产品设计规划的概念：产品设计规划是运用科学合理的方法，依据现有的条件与调研结果，整体制订产品开发计划、任务、目标，考虑到产品寿命周期和外在动态形势，制订出长远的产品设计规划。产品设计规划贯穿整个产品开发过程，各个方面的工作相互联系、相互影响，共同完成最终目标，是成功开发新品的关键。

1.3.2　产品设计规划与设计管理

设计不是艺术家的即兴发挥，也不是设计师的个性追求。设计的主要任务是运用自然科学和社会科学的知识，去寻求令顾客满意的答案，并要求在当地的材料、工艺、经济的约束条件下，用最佳的方式去实现。站在企业的角度来考虑，设计是推动科技进步，促进企业成长的动力，是开拓业务、创建市场的主要方法，是适应环境变换、维护和提高竞争优势的重要手段。因此，许多企业已经把科技创新、加强设计开发提高到企业战略的地位。设计需要管理，并且在某种程度上比设计本身还重要。

设计管理在现代设计和经济生活中发挥着越来越重要的作用，大概归纳为以下几点。

1. 有利于做到让顾客满意

顾客需求是设计的主要动力和源泉，设计的出发点和归宿点都必须以顾客满意为最高标准。设计管理发挥设计团队的集体智慧和力量，针对设计目标有计划有组织地分析和思考，合理地组织力量进行科学决策，能够最大限度地满足顾客需求，做到让顾客满意。

2. 有利于资源优化组合

设计是一项有目的、有计划且与各学科、各部门互相协作的组织行为，设计需要建立在企业的经济基础、工艺水平、生产条件之上，需要市场情报部门的配合和支持，必须符合企业的战略，必须符合社会化大生产的需求和市场规律。同时，设计工作的顺利开展需要各部门紧密配合、共同协作，需要集体的力量进行团队作战。而设计管理就是解决如何在各个层次整合协调设计所需的资源和活动，并对人员、物资、工具、信息进行优化组合，正确地引导资源的开发与利用，寻求最合适的解决方法，以达到企业的目标和创造出有效的产品。

3. 有利于开展优势设计

任何设计都会面临激烈的竞争，社会需要的是有竞争力的设计。设计管理有利于设计学与管理学的知识融合，对一系列设计资源和活动进行优化组合，开展优势设计，使设计具有竞争力。

4. 有利于企业发展战略

设计本身具有前瞻性，设计管理使得设计的前瞻性得到充分发挥和有效的实施。良好的设计管理，通过高效的计划、组织、领导和控制等工作来协调人—机—物各种资源，从而对整个系统进行组织设计和规划调整，对设计目标进行有效的控制。这样，企业就可以提高设计开发力，增强市场竞争力，从而有效地促进企业发展，有利于企业的发展战略。

从整个产品的开发流程来看，设计管理是产品开发过程中设计部分的管理工作，渗透在产品设计过程中的每一部分，是对设计规划的执行、维护和调整，便于更好地提高产品开发设计工作的效率，使设计更符合企业的整体发展战略，更能协调好设计与其他部门的工作，体现整体资源优化组合，便于开展优势设计，同时更有利于满足动态的市场需求。

因此，设计管理是产品设计开发整体工作的一部分，是对整体规划中设计规划的执行，并同时起到对开发过程中设计与其他工作的协调作用。

1.4 产品设计调研与规划的关系

李乐山认为："设计是规划未来，设计调查是规划未来社会生活方式，规划人性的发展变化；设计调查的内容包含行业调查及规划、企业策略与产品策略调查。"由此可见，产品设计调研与产品设计规划之间有着重要的联系，了解它们之间的关系，不仅对设计师有着重要的现实指导意义，也是企业总经理、总工程师、总设计师或设计总监在企业发展中需要把握的重要内容。

当今世界，创新是企业生命之所在，创新已经成为时代发展的主旋律。对企业而言，开发新产品具有十分重要的战略意义，它是企业生存与发展的重要支柱。我国国家统计局对新产品做过如下规定："新产品必须是利用本国或外国的设计进行试制或生产的工业产品。新产品的结构、性能或化学成分比老产品优越。""就全国范围来说，是指我国第一次试制成功了新产品。就一个部门、地区或企业来说，是指本部门、本地区或本企业第一次试制成功了新产品。"上述规定较明确地说明了新产品的含义和界限，这就是：新产品必须具有市场所需求的新功能，在产品结构、性能、化学成分、用途及其他方面与老产品有着显著差异。因此，在新产品开发中，产品设计研究与产品设计规划的作用更加重要。那么，产品设计调研与产品设计规划的关系是怎样的呢？通过前两节对它们的概念以及特征进行探讨研究，我们发现了两者之间的相同之处与不同之处，以及相互之间的合作关系。

1.4.1　产品设计规划与产品设计调研的相同点

(1) 产品设计规划与产品设计调研都贯穿整个产品开发设计的流程，从时间延续上说，它们是一种过程，在产品开发流程中相互交叉、重叠。

(2) 产品设计规划与产品设计调研都具有全局性、未来性的特点。产品设计调研在整个设计语境下，对人、物、环境等进行一系列研究，探索未来人们的需求与生活方式，同样需要规划；产品设计规划对整个产品开发的各个环节进行整体全局性的安排与规划，为未来的新产品成功投入市场打下了基础。产品设计规划的制订是为了企业未来长远的发展。

(3) 产品设计规划与产品设计调研都具有系统性的特点。产品设计调研是一种过程和科学的方法，它的内容囊括人们生活中的一切，例如在用户研究中可以分解成性别、民族、工作、年龄研究等，年龄研究下又可以细分为儿童、青少年、中年人与老年人等研究，越来越细致。产品设计规划中层次性与系统性的管理规划是必需的，具有一定规模的企业本身就是一个庞大的系统，大系统下面又可以分成不同层次的小系统，从决策层到具体的各职能部门，各级之间充分沟通与共享资源，从而使得产品设计规划更加科学而系统。

(4) 产品设计规划与产品设计调研都是企业长期稳健发展必不可少的方法与手段，这不仅能大幅度提高产品开发的成功率，并且从长远来看，拥有成熟完整的产品设计调研与产品设计规划的企业较一般企业拥有强大的生命力，在竞争中占有更强势的地位。

1.4.2　产品设计规划与产品设计调研的不同点

(1) 产品设计规划必须制订清晰、明确、简洁的目标，其中制订目标是整个产品开发中关键的一步，要清楚自身的限制因素和开发对象；产品设计调研则是以广泛的基础调研开始，从最初发现入手，层层递进，在不断探索和研究中找到发展的方向，并明确设计的最终方案。

(2) 就工作性质而言，产品设计规划是一种计划，一种指导，一种策略和整体的布局；而产品设计调研工作是产品设计规划的其中一项内容，连接其他方面的工作，共同协作推进产品的开发进程。

(3) 就执行主体而言，企业产品设计规划的主体是企业的高层，是企业的总经理、总工程师、总设计师或设计总监共同决策的；产品设计调研是设计师、研究员和分析员具体的事务，他们深入调研关于产品开发方面的内容。

(4) 从目的上看，产品设计规划是以市场为导向的行为活动，是以营利为目的的商业行为；产品设计调研是设计师个人的行为，一般根据调研现在人们的生活方式，预测出未来人们的生活方式，设计出超前的、概念化的产品。

(5) 产品设计调研可以是无止境的，产品设计规划是长期的、全面的，但是也有一定的时间限制。产品设计可以继续深入下去，产品设计调研也可以不断地细化和深入，但企业的产品开发是以营利为目的的，要在一定时期完成规划内容，因此，产品设计规划必须制订整体产品设计开发时间和计划好时间并合理分配。如图 1-12 所示为某产品的产品设计计划时间表。

时间计划			4月			5月																															备注
			28	29	30	1	2	3	4	5	6	7	8	9	10	11	12	13	14	15	16	17	18	19	20	21	22	23	24	25	26	27	28	29	30	31	
第一阶段：计划和确定项目																																					
立项	计划时间			░																																		
	实际时间			▓	▓																																	
技术转化	计划时间				░																																	
	实际时间				▓	▓																																
阶段总结及评审	计划时间					░																																
	实际时间					▓	▓																															
第二阶段：产品设计和开发																																					
产品设计	计划时间					░	░																															
	实际时间						▓	▓																														
设计验证	计划时间							░																														
	实际时间							▓	▓																													
模具检讨	计划时间								░																													
	实际时间								▓																													
OTS样品开发制作	计划时间										░	░	░	░	░	░																					
	实际时间																																				
OTS样品检测	计划时间																	░	░																		
	实际时间																																				
阶段总结及评审	计划时间																			░																	
	实际时间																																				

图1-12 产品设计计划时间表

第三阶段：过程设计与开发		
PRMEA	计划时间	
	实际时间	
模具制作	计划时间	
	实际时间	
物料采购	计划时间	
	实际时间	
试产安排	计划时间	
	实际时间	
文件发放	计划时间	
	实际时间	
生产计划	计划时间	
	实际时间	
阶段总结 及评审	计划时间	
	实际时间	
第四阶段：反馈、评定和纠正措施		
批量生产	计划时间	
	实际时间	
减少变差	计划时间	
	实际时间	
阶段总结 及评审	计划时间	
	实际时间	

图 1-12　产品设计计划时间表（续）

　　由以上分析可见，产品设计规划与产品设计调研既有交叉和重合，又有其相对独立不同的地方，那么，它们在企业的产品开发中是如何合作的呢？

　　在产品开发的初期，产品设计调研提供大量的调研结果，做出产品早期可行性评估研究报告，使产品设计规划制定出相应的限制条件、设计标准及设计要求；在产品开发的过程中，研究的成果对规划产生影响，产品开发是一个动态的过程，因此要适应随之改变的条件与环境，企业经常会对产品开发进行相应的调整；在产品设计规划与产品设计调研的推动下，开发出新产品，产品设计规划再通过统筹策划管理，对调研和设计的发展成果进行材料、工艺、市场等一系列的测评，从而选择出最佳的设计方案以及产品进一步发展的方向；产品投入市场后，依据产品设计规划制定的经营战略，进行一系列的商业推广活动，并同时做好市场反馈调研报告，研究成果入资料库，为未来的产品设计规划提供资料与经验。

　　总之，产品设计规划与产品设计调研是产品开发的基石，为了实现最终目标，它们支撑着整个开发流程，只有相互协作、相互配合，才能更好地发挥各自的作用，提高产品开发的成功率。

《第2章》
产品设计调研与规划的
目的和意义

∨

　　以往，国内的工业设计专业，也称工业产品造型设计，偏向于产品的外观设计。近年来，随着社会的进步以及设计学科的不断发展和完善，我们发现单纯的外观设计已经不能满足人们的需求，慢慢地从对物品本身的设计转变为对人的设计，深入地探求人的需求，甚至是潜在的需求。在设计研究的理论和实践方面，欧洲国家一直走在前列，在学术方面，产品设计调研的研究已经发展得比较成熟，并且也已经有许多企业运用一系列的产品设计调研方法推出了众多的成功产品。目前，国内也逐渐开始重视产品设计调研在设计中的作用，重视思维和方法的运用，不再局限于产品的外形设计上，使产品更好地为人所服务。

2.1　产品设计调研的目的

　　产品设计调研的目的从广义上来说，主要分为两种，一是寻求理论的提升，二是找出有效的问题解决方案。两者在很大程度上是一致的，都是在不断尝试的过程中总结经验并逐步完善，只是倾向性不同。在这里我们着重研究第二种，对于从事产品设计的专业人员，实践与理论结合，创造性地解决实际问题是必不可少的。

　　那么，狭义的产品设计调研的目的是什么呢？在产品设计过程中的不同阶段，它的目的也不同，可以分为以下几种。

2.1.1　找到问题和获得想法

　　探索所研究区域内的所有信息，包括调研其他相关论文、课题、图片、组织、人群等，目的是获得大量的信息后，找到有可能出现的问题。在这个阶段，产品设计调研的区域尽量做到广阔和全面。如图2-1为思考环境、人、物之间的关系，图2-2为观察生活中的问题，通过观察人们的洗衣过程发现问题点。

环境　　　　　人　　　　　物

图2-1　思考环境、人、物之间的关系

其中一个问题点是洗衣前需要局部（衣领、袖口）预处理。用户反映洗衣机洗净率不高，局部污渍清洗不干净，需要预先浸泡、手洗。

图 2-2　观察生活中的问题

2.1.2　设计推进

产品设计方案是一个不断发展不断细化的过程，在设计实践工作进行的同时，产品设计调研为其提供了大量的支撑材料和分析研究，解释了设计项目是怎样一步步发展的，并为进一步的发展提供方向。在这个阶段，产品设计调研的范围逐渐聚焦并深入。随着调研的深入，产品设计的方案也在不断地细化和深入。

设计推进主要分为两方面工作的内容，一是脑力劳动，包括调研、分析、理解等；二是体力劳动，包括手绘制图、计算机辅助制图等。二者相互促进，相互影响，共同完成设计项目，缺一不可。

2.1.3　设计检验与评价

产品设计后期需要进行检验，产品设计调研通过对用户需求的测试和分析，来检验产品概念是否符合设计的原始目标，根据检验与评估的结果最终确定设计方向、设计方案或制定设计标准。如果不符合设计的原始目标，需要分析原因，有可能是内在的主观原因和外界的客观原因。客观原因不好做调整，也许是整个市场的趋势变化，需要及时调整市场战略，如果是内在原因，需要找到有问题的地方进行修改。

2.1.4　市场反馈

为了更好地开发产品市场，确立产品的市场地位，拓展品牌的市场发展空间，更好地满足消费者的消费需求，对市场进行一次较系统的市场调研是有必要的。通过对产品投入市场后的调研及分析，及时调整产品开发战略，为以后的产品开发积累资料与经验。

对市场的研究至关重要，说到底产品是要投入市场的，一个好产品重要的评判标准就是它在市场中是否有机会，它的产品概念和市场营销管理是否发挥重要作用。

2.2　产品设计调研的实际意义

产品设计工作的程序与内容一环扣一环，并不断推进与深化。在不同的工作中，我们发现可以把所有的工作按照物理工作和智力工作来划分。物理工作是指设计师所做的一切行为上的活动，例如绘图、建模、制作等。智力工作是指构思、调研、规划等。

早在 1950 年，德国乌尔姆设计学院（见图 2-3)就开始对设计方法进行研究，这预示着后来的设计较之前巨大的变化；1962 年，英国许多设计师开始公开发布自己的研究领域；设计研究协会成立于 1967 年，标志着官方的设计研究组织正式成立。设计师和企业开始思考人们的活动和想法：他们应该怎样进行设计活动？人们与"物品"的关系是什么？关于设计和设计活动的系统知识如何寻找和收集？人们渐渐意识到产品设计调研的重要性，那么产品设计调研的实际意义有哪些呢？我们可以站在研究主体的角度来具体分析。

图 2-3 德国乌尔姆设计学院

2.2.1 设计师与产品设计调研

一个设计师所要具备的能力有很多，包括掌握多种技能（手绘、制图等）、广泛的知识、创造性解决问题的能力等。其中，产品设计调研的能力可以说是至关重要的。产品设计调研使设计师注意观察生活与收集资料，善于发现问题、分析问题，从而了解人们的生活，满足需求，甚至可以发掘人们潜在的需求，提供更丰富的生活方式。产品设计归根结底是为人服务的，以用户为中心设计的，能使人们的生活更方便、更舒适、更美好。如图 2-4 和图 2-5 所示为有关洗衣机调研后，设计师的概念和表现例图。

图 2-4 思考分析问题

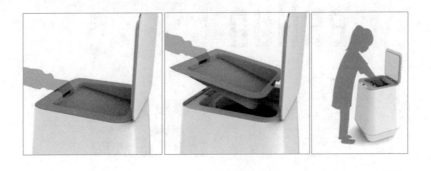

图 2-5 思考产品的使用方式

2.2.2 企业与产品设计调研

经济全球化的来临，世界市场日趋完善，商业活动的竞争也愈加激烈，设计和生产产业已经从国内竞争拓展到国际竞争的舞台，如何最大限度地降低风险，使产品在市场竞争中获得成功至关重要。这就需要进行产品设计调研，深入理解人们的需求以及对市场形势的分析，做到系统和完善的工作，大大提高产品的成功率，对于外销产品更要做好产品的调研工作，了解本土的习俗文化、民族风格等方面。从长远来看，企业内对某一领域的产品设计调研使本企业的产品设计形成具有生命力的产业，创造性地开发新产品。

2.2.3 社会与产品设计调研

当今世界经济飞速发展，市场上充斥着各种令人眼花缭乱的产品，产品的更新换代越来越频繁，大量企业利用加速产品更迭来刺激人们的消费，这种做法可以起到一时的效果，但并不持久，同时也产生了大量"无用"的产品，造成社会资源的浪费。博朗设计公司的代表人物迪特·拉姆斯提出了好设计的 10 项基本原则（如图 2-6 所示为迪特·拉姆斯的作品），具体如下。

(1) 好的设计是创新的。

(2) 好的设计必须实用。

(3) 好的设计是唯美的。

(4) 好的设计使产品简单易懂。

(5) 好的设计是诚实的。

(6) 好的设计不唐突。

(7) 好的设计经久不衰。

(8) 好的设计能在每一处细节上保持一致性。

(9) 好的设计是环保的。

(10) 好的设计是做减法的设计。

其中，第 9 项就是"好的设计是环保的"，即要对环境友善，创造更多经典、畅销的产品，而不是加速产品的更替，提倡设计应为保护环境做出重要贡献，涉及节约资源以及产品设计中最小化的物理和视觉污染。所以，做好充分的产品设计调研会减少这种浪费的情况，并且尽可能地开发可持续型设计，这也是设计师与企业的义务和责任。

图 2-6　迪特·拉姆斯的作品

2.3 产品设计规划的目的

"设计"这个词是个多义词,它本身就含有计划与规划的含义,包含着有计划的、有目的地去做某件事情。所以,产品设计作为设计大类里的其中一个设计门类,也必然包含着计划与规划的内在含义,那么,在产品设计开发中对其进行长远的、全局的规划也是产品设计的内在要求。中国的产品设计是近 20 年发展起来的,对产品设计的含义以及设计方法的探索一直在不断地深化与更新。在探索的过程中,我们发现要改变以前盲目跟随其他国家设计的状态,逐渐明白要结合自身的实际情况和优势,找到适合的设计方法和设计规划,开发自己独有的产品是正确的发展道路,产品设计规划在新的时期被放在重要的位置上。

产品设计规划在产品设计开发中的地位举足轻重,那么产品设计规划的目的有哪些呢?我们将从具体的规划内容中逐一进行分析。

(1) 产品项目的整体开发时间和阶段任务时间计划。

虽然设计是可以不断深化不断发展的,但一个实际的设计项目最终的目的是获得市场占有率,获得经济利益,所以产品设计开发需要在一定时期内完成任务,以保证产品及时推向市场。产品设计开发是一个复杂、长期的过程,每个阶段都有其要完成的工作,每项工作和任务一环扣一环,每个步骤都会影响最后产品的结果。因此,合理、全局地确定产品的整体开发时间对于产品开发起到宏观把控的作用,而制订相应的阶段任务时间计划,可以把工作和任务细分,从而更有利于实践的可操作性,并且根据情况随时对阶段时间计划进行局部调整。

(2) 确定各个部门和具体人员各自的工作及相互关系与合作要求,明确责任和义务,建立奖惩制度。

产品设计项目的开发是一项长期又复杂的工作,涉及的部门和员工众多,每个部门和每个员工之间都应有确定的工作关系,明确具体的责任和义务,制定一系列的管理规定和工作标准,量化需要完成的工作任务,建立相应的奖惩制度,从而更有效地激励员工工作的积极性。产品设计项目的成功开发需要整个团队之间的共同协作,相互配合、相互交接、相互沟通,使团队的力量实现最大化。

(3) 结合企业长期战略,确定该项目具体产品的开发特性、目标、要求等内容。

在这一项内容中包含大量与产品设计项目开发相关的要求,包括市场调研、产品名称、主要功能、产品风格、预期客户、产品级别与价位、产品运输与回收、产品售后服务、产品设计实施、组织产品生产等。在开发前期确定以上内容非常关键,它可以降低风险,提高产品的成功率。

由以上三项内容我们发现,产品设计规划的制订是从整体到局部,从抽象到具体,一层层地推进和细分,逐渐把工作目标和任务落实到具体的产品特征和工作内容上。

2.4 产品设计规划的实际意义

产品设计规划的实际意义是产品设计目的达到后所产生的一系列效应,在这里我们还是按照研究主体的角度来具体分析。

2.4.1 设计师与产品设计规划

一般来说,设计师会有两种不同的工作状态:一种是以市场为导向,以客户委托的项目为主,需要针对目标消费群，按照严格的设计流程进行设计项目；另一种是以设计师为导向，实现一些在其他项目诸多限制下无法实现的尝试，包括关于材料、色彩、传统文化及未来趋势的实验和研究。这里我们主要讨论第一种情况，设计师应该具有以下几种能力。

(1) 熟悉产品设计规划流程。设计师不仅要在自己的专业领域内做到专、精，并且也要熟悉和了解整体的产品开发流程，在理解产品设计规划流程中，更加理解自己的工作内容和任务要求。

(2) 熟悉关于设计规划相关的知识，具有良好的团队合作精神和沟通交流能力。产品设计开发需要团队合作，而紧密的、协调的合作关系更有利于产品开发顺利地进行。良好的沟通能力也是设计师必须掌握的，它会使设计师、工程师、规划师、客户等相关人员之间能够清晰、准确地表达各自的想法，为了共同的目标努力去实现。

(3) 了解和掌握产品设计规划的理论基础知识，包括产品设计基础、设计理论、人机工程、设计材料及加工、计算机辅助设计、市场经济及企业管理等基础知识。优秀的设计师应该涉猎广泛的与产品设计规划相关的知识，以帮助深入设计，实现设计落地。

综上所述，产品设计规划对于设计师的意义在于熟悉产品设计规划流程，掌握相关的基础知识。这也是产品设计开发对设计师的基本要求。

2.4.2　企业与产品设计规划

产品设计规划应包含的内容是基于企业或公司业务战略的规划，如设计产品总体架构（业务）、产品层次关系、产品的业务流程、产品的业务范围、产品的总体架构（技术）、产品架构层次、产品的技术规范与标准等。企业的战略规划是制订组织的长期目标并将其付诸实施，产品设计规划与企业战略规划的最终目的是一样的，都是为了确保企业的长期发展，这就需要整体的、系统的、长期的规划。应做到产品设计的系统性，找到自己的设计语言，产品虽然是不断更新的，但应始终保持其独特的设计语言和风格，以提高企业品牌的识别性，即品牌形象，使针对的人群有身份认同与归属感，从而提高同类产品的市场占有率。同时，企业也要重视发展具有自身特色的创新型概念性产品，不断地探索和研究，这将使企业在未来的发展中占有优势，而不仅仅局限于目前的形势。

2.4.3　社会与产品设计规划

"规划"这个词在现代社会被广泛地提及，我们的生活离不开"规划"，有个人的职业生涯规划、企业规划、城市管理规划、产品设计规划等，所有的规划都是在社会的背景下进行的，与社会各个方面有着千丝万缕的关系。一方面，产品设计和新产品的开发，必须以满足社会需要为前提，不仅要考虑满足目前的需求，而且还要结合动态发展的形势，满足长期发展的需求。为了满足社会的需求，产品设计规划要进行有计划性的开发战略和全方位的调查研究，重视对先进技术的吸收和引进，在保证质量的前提下加快产品开发的步伐，使产品受益于人，发挥它的社会意义；另一方面，社会的整体规划也对本土的产品设计形成了巨大的影响，产品设计规划通常也反映出当地的政治、经济、文化等规划方面的要求。

《第 3 章》
产品设计调研的内容

产品设计调研是进行产品设计的基础环节，也是非常重要的一环，调查的内容是否翔实、准确、全面等将直接导致产品面世后的一系列问题，轻者产品无人问津，给生产企业带来损失，重者会给国家、社会带来巨大的资源浪费，甚至造成人类的灾难。

产品设计调研工作的范围广泛，主要包括调研产品市场、调研产品消费者、调研产品设计与生产企业。本章从三个不同的角度介绍产品设计调研的内容。这三个方面需要设计人员和项目管理人员深入了解，理解它们之间的关系，统筹兼顾，用设计与技术相结合的方法制订设计方案和设计规划。

3.1 调研产品市场

近些年来，中国市场上的商品可谓琳琅满目，丰富多彩，从产地上看有国产的、欧美的、日韩的、东南亚的、非洲的，等等；从种类上看有电子产品、机械产品、交通及轻型交通工具、儿童产品、卧具和餐厨具、文化和办公用品、越野和旅游出行用品、休闲娱乐产品等，不胜枚举，如图 3-1 至图 3-6 所示。

图 3-1　电子产品

图 3-2　机械产品

图 3-3 交通工具

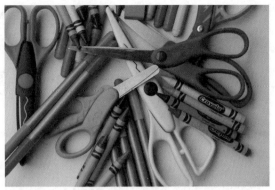

图 3-4 儿童文具产品

图 3-5 家具产品

图 3-6 运动产品

在普通消费者的观念中，过去这些物品能用、耐用、价格低廉就是好产品。然而，今天的人们审美水平逐渐提高，一般设计水平的产品难以引起人们的购买欲望，取而代之的是那些新颖的、精致的、高科技含量的产品，年轻人更是追求奇特的、极具个性化的产品。如图 3-7 所示为一款音响系统。它作为壁挂式无线扬声器系统，专门面向追求设计感的音乐发烧友，在营造沉浸式声场的同时，其个性化设计和集成式消音器也能大大改善室内的声音传播效果。

图 3-7 个性化产品

鉴于目前产品市场的多样化、人们需求的复杂化等诸多因素，充分了解市场、摸清市场发展方向、理解消费者的真实需求、掌握产品市场的特殊性等关键因素显得尤为重要。应以严谨的态度进行产品设计调研活动，从专业的角度，即如下几个方面收集相关信息。

3.1.1 产品设计定位

任何一件或一类产品，在设计之初一定有其定位选择，从已投放到市场的产品上可以看出，其材料、结构、价格、外观造型、表面处理等无声的语言都阐明了它的定位。例如，宜家的大多数产品定位在中档，很大一部分面向年轻人，其产品多采用简单的结构，便于组装和运输，外观靓丽多彩，质量一般，多数产品价格不太高，因为它的目标顾客有可能使用时间不会太久，符合年轻人经常更换的心理需求，如图 3-8 至图 3-10 所示。

图 3-8　宜家家居

图 3-9　宜家的产品设计

图 3-10　宜家的包装与运输便捷且人性化

当产品定位为高端客户群时，其产品以高品质赢得市场，往往将出色的设计、相对昂贵的材料、传统工艺等打造出特色，尤其是先进的企业理念，支撑企业的运营方向，如美克·美家集团，其产品如图 3-11 所示。

图 3-11　美克·美家的家具设计

这些家具消费者自己无法安装，完全都要在工厂里制作、装配完善。用户无须自己动手，制作精良的成品就能送到家里，拆开包装就能用，而且更为舒适、温馨、惬意，相较宜家的产品，其设计感、舒适度、美观程度、选用的材料等更显高端品位，各方面都体现了它的市场定位。

由此可见，对市场上的产品进行信息收集和分析是非常必要的，同类产品的竞品分析可以清晰地看到不同品牌的定位，如图 3-12 和图 3-13 所示。

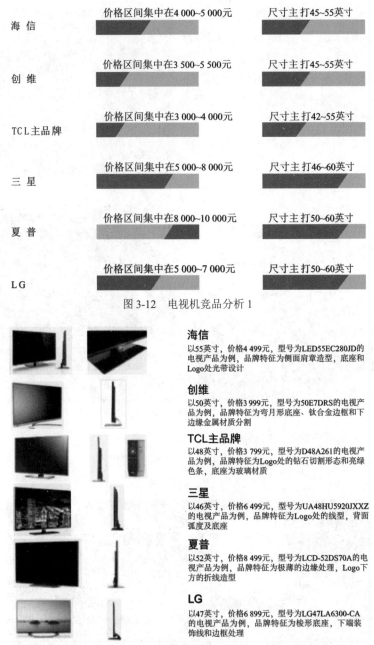

图 3-12　电视机竞品分析 1

海信
以55英寸，价格4 499元，型号为LED55EC280JD的电视产品为例，品牌特征为侧面肩章造型，底座和Logo处光带设计

创维
以50英寸，价格3 999元，型号为50E7DRS的电视产品为例，品牌特征为弯月形底座、钛合金边框和下边缘金属材质分割

TCL主品牌
以48英寸，价格3 799元，型号为D48A261的电视产品为例，品牌特征为Logo处的钻石切割形态和亮绿色条，底座为玻璃材质

三星
以46英寸，价格6 499元，型号为UA48HU5920JXXZ的电视产品为例，品牌特征为Logo处的线型，背面弧度及底座

夏普
以52英寸，价格8 499元，型号为LCD-52DS70A的电视产品为例，品牌特征为极薄的边缘处理，Logo下方的折线造型

LG
以47英寸，价格6 899元，型号为LG47LA6300-CA的电视产品为例，品牌特征为梭形底座，下端装饰线和边框处理

图 3-13　电视机竞品分析 2

3.1.2　产品的功能性调查

任何一款产品能够立足于市场，其功能性是消费者首先考虑的重要因素。近些年，随着市场上的产品越来越丰富，消费者对产品的要求也越来越高，诸多产品已从原来的单一功能向多功能方向发展。例如，手机的发展变化过程，自20世纪80年代手机面世以来，其基本的功能就是通话，后来增加了收发短信、玩游戏、听各种美妙铃声等功能；进入21世纪，手机可以拍照，可以听音乐，可以录像等，如今的手机越来越智能化，既能打电话，又能上网，还能定位等，几乎就是一台微型的计算机，如图3-14所示。

图 3-14 手机的发展

　　虽然，电子类产品更新换代的速度是依赖于高新技术的飞速发展，但不可否认的是人们对于产品功能的需求日渐增多，这是产品设计调研不可回避的重要因素。

　　调查各类产品的功能变化，一方面可以深入研究未来产品发展的方向，为新产品开发提供依据；另一方面可以寻找市场空缺，找准消费群体对于产品功能的需求意向，避免造成过度设计。

　　调查结果要分析、总结，如图 3-15 所示是一份关于手机功能调研结果的图表。

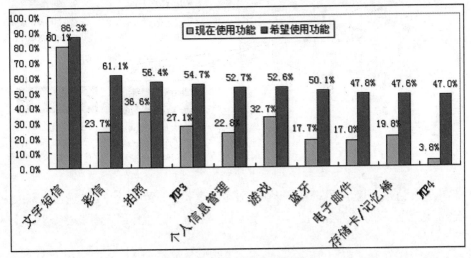

图 3-15 手机功能调研结果图表

3.1.3　产品的外观调查

　　众所周知，产品的外观设计能为产品带来附加值，消费者越来越注重产品的外观，从形态到色彩，消费者的喜好程度直接影响产品的销售数量。同时，符合消费者需要的产品会为企业带来丰厚的利润，所以，产品的外观对于消费者和生产者都越来越重要，产品的外观设计需要更多突破性的创新，这是产品设计调研不可或缺的一部分。随着科学技术的日益发展，尽管为产品的外观设计提供了更多创新的空间，但产品的外观从形态到色彩都需要将美学元素科学、巧妙地与材料和内部结构有机结合，才能令消费者接受。以如图 3-16 所示的手机为例，在不同时期手机的外观形态与色彩也发生了很大的变化。

图 3-16　不同时期的手机在外观形态与色彩上的变化

　　当我们调研之后，要将调研的结果以图文并茂的形式表现出来，如图 3-17 所示。

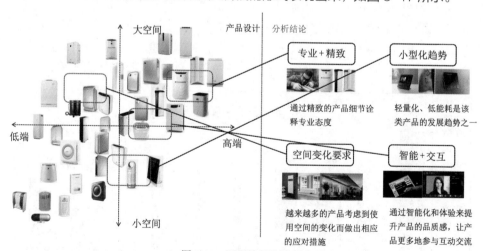

图 3-17　调研结果的展示

　　以上的图表，优势在于它灵活的表现形式，既可以令观者一目了然，又能通过坐标轴上词语的改变，扩充或衍生出一系列的内容，使得调研更全面、准确，这也是目前诸多设计公司普遍采用的一种表达方式。

3.1.4　产品的使用方式调查

目前的产品市场竞争日益激烈，我们能看到日本的设计、韩国的设计、德国的设计、美国的设计等；再加上通信如此发达，看不到实物时，也可以在网上搜索到。这些形形色色的设计对我们来说，既打开了视野，又带来了危机，想要设计出消费者认可的作品，我们在调研阶段就要认真分析、研究，不仅研究市场现有产品的优缺点，还要有所突破，从我们专业的角度，着重研究产品的使用方式。如图 3-18 所示为 U 盘的多种使用方式。

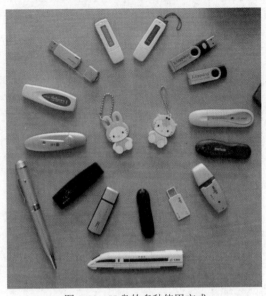

图 3-18　U 盘的多种使用方式

可见，任何一类产品，经过调研我们就能够收集到多方信息，经过整理、分析、研究，即可总结出每一款产品的优缺点，从而可以在使用方式上找到突破点，以新颖、好用、方便等优势设计出更加符合消费者需求的新产品。

3.1.5　产品的人机工程学尺度

众所周知，人机工程学是应用人体测量学、人体力学、劳动生理学、劳动心理学等学科的研究方法，对人体结构特征和机能特征进行研究，提供人体各部分的尺寸、重量、体表面积、比重、重心，以及人体各部分在活动时的相互关系和可及范围等人体结构特征参数；还提供人体各部分的出力范围及动作时的习惯等人体机能特征参数，分析人的视觉、听觉、触觉及肤觉等感觉器官的机能特性；分析人在各种劳动时的生理变化、能量消耗、疲劳机理以及人对各种劳动负荷的适应能力；探讨人在工作中影响心理状态的因素以及心理因素对工作效率的影响等。

随着社会的发展、技术的进步、生活节奏的加快、产品的频繁更新换代等一系列的社会与物质的原因，使消费者在享受物质生活的同时，更加注重产品在方便、舒适、美观、可靠、安全和高效等方面的需求。所以，我们在设计产品外观时，应充分调查市场上现有产品在人机尺度上的匹配度，进一步细化产品的外观设计，为新产品设计提供可靠的依据。调研后，将问题整理出来，如图 3-19 所示。

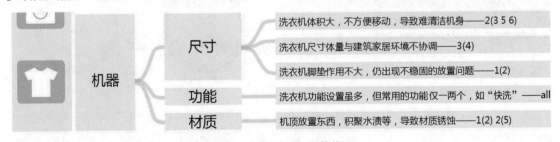

图 3-19　对调研问题的整理

3.1.6　产品的内部结构、材料及生产工艺

产品外观造型的美感需要合理地利用材料、结构和生产工艺的特点进行塑造。产品结构应符合

生产工艺原则，在规定的产量规模条件下，采用经济的加工方法，制造出合乎质量要求的产品。

材料和生产工艺是产品设计的物质技术条件，是产品设计的基础和前提；产品设计通过材料和生产工艺转化为实体产品，材料和生产工艺通过产品设计实现其自身的价值。

材料作为产品—人—环境这个系统中的一份子，以其自身的特殊性影响产品设计，不仅保证了维持产品功能的形态，并通过材料本身的性能满足产品功能的要求，成为直接被产品使用者触及和视及的唯一对象。所以，任何一个产品设计，只有与选用的材料的性能特点及生产工艺相适应，才能实现产品设计的目的和要求。

产品结构、材料及生产工艺也依赖科学技术的快速发展，新材料、新工艺、新型结构方式的出现都为产品设计提供了多种可能。

产品设计常用的材料有五大类：金属、木材、塑料、陶瓷和复合材料（见图 3-20)。

我们做市场调查时发现，现代的产品一般是一种、几种或多种材料混合使用，近几年来，材料科技发展迅速，新型材料不断被应用在新产品开发上；同样，新的生产工艺随着科技迅猛发展而日益提高，甚至实现了过去不可能的产品结构形式。例如，3D 打印技术的出现，将诸多不可能的结构形式变为现实，如图 3-21 和图 3-22所示。

图 3-20　碳纤维复合材料

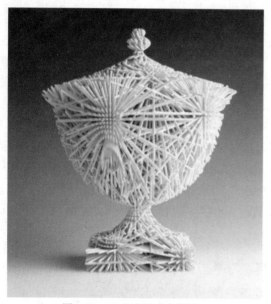

图 3-21　3D 打印技术的运用

图 3-22　3D 打印的自行车

3D 打印技术的"墨水"可以是各种材料，例如金属、陶瓷、塑料、细胞、砂石甚至各种食物。通过高温或者激光的方法，"墨水"被抽成丝状。随后，这些半流体状态的材料依照计算机中的三维模型，喷嘴按照 x、y、z 三个坐标轴的定位点喷出，然后在指定的位置凝固成型。经过一层一层的堆积后，模型就渐渐形成立体的结构。

可见，调查和了解新技术、新材料等高科技发展状况，对于我们做产品设计是何等重要。

3.2　调研产品消费者

消费者购买任何产品的基本目的都是满足其使用的实际需要，随着社会的发展，消费者越来越需要产品带来的精神享受，这与消费者的价值观、生活方式的变化及消费心理的变化密切相关。当企业开发新产品时，可以从建立用户模型开始，定位潜在消费者，进一步深入研究，也要从下面三个方面进行详细分析。

3.2.1　消费者的价值观

20 世纪中期至末期，我国消费者对产品使用功能的需求高于精神功能的需要，随着我国国门的逐步打开，人们的视野不断扩大，当通信技术日益提高时，也是信息大爆炸时代来临之日。所以，人们消费观念的形成和变化是与一定社会生产力的发展水平及社会、文化的发展水平相适应的。经济发展和社会进步使人们逐渐摒弃了自给自足、万事不求人等传统消费观念，代之以量入为出、节约时间、注重消费效益、注重从消费中获得更多的精神满足等新型消费观念。

近几年来，网络营销逐渐抢占了实体店的销售，我国处于卖方市场向买方市场转移的趋势，加之市场上的各类产品越来越丰富，消费者有了更多选择的可能性，呈现出如下 3 个特点：①个性化消费占据主导；②消费者的主动消费增强；③网络消费的便利性和趣味性吸引了众多消费者。这种现状是产品设计不可忽略的重要环节。

某网络论坛报道过如下内容：从 2009 年至今，"双十一"这一天淘宝天猫商城的交易量激增。不同年龄段的消费者在网络上都有购物的需求，男性消费者的网络购物需求群体也不可小觑。据统计，仅仅"双十一"这一天，各大网络购物商城的销售量就相当可观。消费者在网络上购物的种类涉及生活的方方面面，随着智能手机的普及，在手机上购物越来越普遍。伴随人们购物方式的变化，也体现出消费者价值观念的变化，我们在做产品市场调研时，应加强市场细分化、专业化的研究，做到有的放矢，为新产品开发提供准确、完备的信息，分析、研究的表现方式如图 3-23 至图 3-26 所示。

总之，消费者购物的快乐来自产品。目前，很多消费者的价值观表现在花钱买体验的快乐上，买到称心的产品也是自我实现需求的快乐源泉。

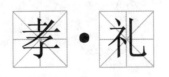

孝，取自【尔雅】一书，属儒学范畴。

【释义】善事父母为孝，百善孝为先。

礼，取自【礼论】一书，属儒学范畴。

【释义】礼在中国古代是社会的典章制度和道德规范。

图 3-23　中国家庭观

产品机会点：1. 关注老幼健康；2. 愿意为健康投资。

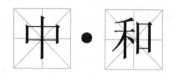

取自【中庸】一书，属儒学范畴。

【释义】 喜怒哀乐之未发，谓之中；发而皆中节（节度），谓之和。

中也者，天下之大本也；和也者，天下之达道也。致中和，天地位焉，万物育焉。

图3-24　中国家庭健康观

图3-25　中国饮食习惯——以食为天，养生为尚

产品机会点：1. 养生之道注重提高生命质量；2. 传统烹饪方式给环境带来压力。

图 3-26 中国传统生活方式——日出而作，日入而息

产品机会点：1. 生活方式讲求简单闲适；2. 与自然有与生俱来的亲近感。

3.2.2 消费者的生活方式调查

生活方式是指人们日常的生活习惯、行为方式、产品的使用习惯、消费行为、休闲活动等。生活方式是人们在工业社会时代追求更加优质生活的主要社会心理动机，这就要求我们清楚地了解消费者在物质和精神上的双重需求，或者是消费者对产品的期待等设计因素，把握某类产品与人们生活方式的关系，以确定设计目标。

近 30 年来，我国居民的生活方式发生了很大变化。30 年前，我们没有网上购物、普通家庭没有汽车、快餐文化还没有影响我们、市面上很少看到进口商品等。30 年后的今天，据美国贝恩咨询公司统计，我国居民 2015 年奢侈品的消费已经占全球的 1/4，人们的消费观念发生了巨大变化，生活方式已经由传统模式进入"互联网 +"时代，对于产品的要求越来越复杂，人们越来越重视生活体验、使用新产品的体验、享受服务的体验等。另外，我国的家庭结构与国家的人口政策密切相连，小型的两口之家、三口之家众多，五口以上的家庭比例相对二三十年前下降了不少。通过生活方式调查，可以比较直观地发现消费者对于产品的功能、使用方式、外观、材料等物理需要和审美需要，如图 3-27 至图 3-32 所示是针对电视机设计的生活形态研究。

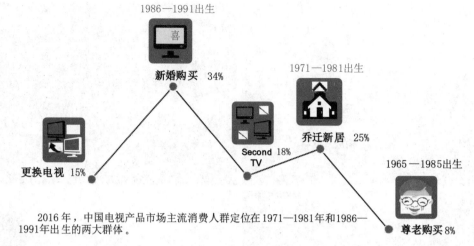

1986—1991出生

新婚购买 34%

1971—1981出生

乔迁新居 25%

Second TV 18%

更换电视 15%

1965—1985出生

尊老购买 8%

2016年，中国电视产品市场主流消费人群定位在1971—1981年和1986—1991年出生的两大群体。

图 3-27　主流消费群体的调查

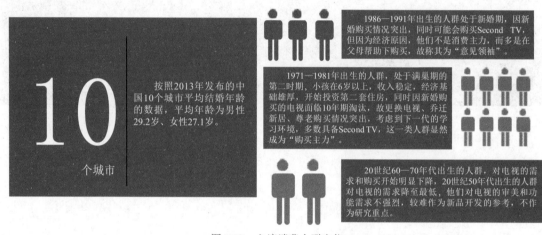

10个城市

按照2013年发布的中国10个城市平均结婚年龄的数据，平均年龄为男性29.2岁、女性27.1岁。

1986—1991年出生的人群处于新婚期，因新婚购买情况突出，同时可能会购买Second TV，但因为经济原因，他们不是消费主力，而多是在父母帮助下购买，故称其为"意见领袖"。

1971—1981年出生的人群，处于满巢期的第二时期，小孩在6岁以上，收入稳定，经济基础雄厚，开始投资第二套住房，同时因新婚购买的电视面临10年期淘汰，故更换电视、乔迁新居、尊老购买情况突出，考虑到下一代的学习环境，多数具备Second TV，这一类人群显然成为"购买主力"。

20世纪60—70年代出生的人群，对电视的需求和购买开始明显下降，20世纪50年代出生的人群对电视的需求降至最低，他们对电视的审美和功能需求不强烈，较难作为新品开发的参考，不作为研究重点。

图 3-28　主流消费人群定位

城 市

沈阳、北京、济南上海、重庆、广州调查城市的生活形态

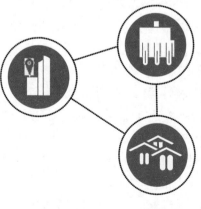

专家意见

从相关行业中，邀请知名专家为入户调研提出了方向性意见

典型用户

根据家庭周期理论选择典型用户进行入户调研关注心理需求和审美趋向

图 3-29　用户调研对象

走访国美、苏宁等专业卖场，调研目前国内电视机的销售情况，得到第一手资料。同时，关注国美在线、苏宁易购、京东商城等网络电商的销售信息，以期获得电视机品牌的市场和竞品对比情况。

从社会学的角度入手，深入研究家庭生命周期理论，从不同的周期寻找典型的家庭进行入户调研，获取这些家庭成员的心理需求和审美趋向。

从家庭陈设和文玩器物的角度入手，在进行入户调研时关注业主家中的中国传统文化浓郁的陈设，以及甄选这些陈设在家中所传达的吉祥寓意。

家庭周期	受访者	喜好传统物件	产品信息渠道	购买点排序	摆放方式	电视收看时段	抱怨	Second TV	周边产品
新婚期	徐丽	民俗玩偶	网络电商	外观/品牌/功能	壁挂	19:00~22:00 综艺节目	遥控器	无	机顶盒、视频输入、网络
	李宗泽	套娃	网络电商	外观/品牌/功能	壁挂	20:00~23:00 综艺节目、电视剧	机顶盒	无	机顶盒、网络、视频输入、数码相机
	徐晓光	盆景	网络电商	外观/品牌/功能	壁挂	19:00~22:00 综艺节目、电视剧	无	无	机顶盒、网络、手机、数码相机
满巢期[1]	张念博	手串	网络电商	品牌/功能/外观	壁挂	21:00~23:00 体育频道	网络不畅	卧室	X-BOX、机顶盒
	杨猛	瓦猫、龙鱼、神兽	网络电商	品牌/功能/外观	壁挂	19:00~20:00 新闻访谈类节目	机顶盒	无	机顶盒、网络盒子
	张默	奢侈品	网络电商	品牌/功能/外观	壁挂	19:00~20:00 新闻	无	无	机顶盒
满巢期[2]	刘军	紫水晶、木化石	大型商场	品牌/外观/功能	底座	20:00~23:00 体育、电影	音响效果	卧室	多台机顶盒
	李云	铠甲	商场	品牌/外观/功能	底座	22:00~23:00 体育、电影	遥控器	卧室	机顶盒
满巢期[3]	李少宏	玉石、根雕	商场	品牌/外观/功能	底座	21:00~23:00 体育	无	无	机顶盒
	郑昕	书法、国画、古玩	商场	品牌/外观/功能	底座	22:00~23:00 综艺、新闻	系统及信号	卧室	机顶盒
	王志杰	书法	商场	品牌/外观/功能	底座	19:00~22:00 新闻、电视剧、综艺	清晰度	卧室	机顶盒
空巢期	潘宝路	书法	商场	品牌/外观/功能	底座	19:00~23:00 综艺、新闻	遥控器	无	机顶盒

图 3-30　用户问卷调查统计

从户型和装修风格的角度入手，在入户调研时比较南北方户型的差异，不同年龄层装修风格的异同，试着寻找中国传统风水学及室内装修风格对电视机摆放及外观选择的影响。

由于南北方气候的差异，北方的建筑墙体厚度要远远高于南方。以图 3-31 中同一地产公司旗下项目为例，同样 $110m^2$ 的房子，在广州和沈阳的客厅开间相差了 0.5m。这也是在北方大部分家庭会选择把电视机挂在墙上的原因。

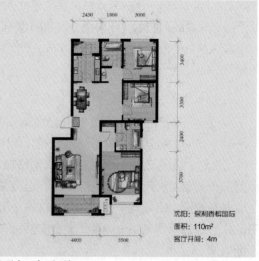

图 3-31　南北方户型差异研究（客厅开间）

	对电视关注的问题点	壁挂式/底座式	对智能电视的看法	若电视尺寸与质量相同购买电视更多取决于	使用电视的时间	更频繁地使用电视的哪些功能
第一位	屏幕清晰度	壁挂式/77.61%	使用率不高	屏幕分辨率	晚上/121分钟	观看有线电视
第二位	产品质量	底座式/16.62%	需要更多的智能化功能	品牌	早晨/32分钟	接入PC看高清电视
第三位	音质	其他方式/5.77%	不够智能	产品外观	深夜/19分钟	使用电视盒子
第四位	价格		性价比不高	材质	中午/17分钟	连接高清游戏机
第五位	外观		已经能满足	电视厚度	下午/6分钟	上网

图 3-32　产品网络调研

受访人数截止前 210 人，男女比例各占 46% 和 54%，年龄 22 岁以下占 43%，22~30 岁占 33%，31~40 岁占 24%；居住地：东北地区占 18%，华东地区占 22%，华中地区占 27%，华南地区占 24%，西南地区占 9%。

3.2.3　消费者的实际消费心理

消费心理学是社会心理学的一个分支，是研究消费者行为的科学，用于观察、记述、说明和预测消费者行为，致力于探索消费者特有的心理现象及其发展变化规律。

消费者接受一件新产品会有个从认识到熟悉的过程，从另一个角度说，这个过程也是产品在市场上的生命周期，即导入期—增长期—成熟期（饱和期）—衰退期。

我们研究消费者的消费心理时，需要了解产品生命周期与消费心理的关系，把握各个阶段的特点，通过具体分析得到较准确的信息，为新产品的开发设计提供可靠的依据。

1. 导入期产品的特点

产品经过一段时间的研发，已经可以投入市场，此时处于试销阶段，消费者对于新产品还不太了解。然而，具有一定的新颖性，甚至是独创性的产品，其本身可能还不够完美。这个阶段能够对新产品感兴趣的消费者，一般是具有冒险精神的、独立性强的年轻人，而且具备一定的经济实力；或是喜欢并有能力追逐新潮的中老年人，他们经济独立，收入稳定，有能力接受新生活的挑战，因为新产品的价格一般会高于老产品。

2. 增长期产品的特点

经过导入期产品在市场上的宣传及营销策略的造势，一方面也修正了产品初期的不稳定因素，产品被众多消费者认识，销量逐步增加，以快速扩大市场占有率的态势进入产品生命周期的第二阶段。此时，最显著的特点是销售量大幅增加；产品质量稳定，大批量投入生产；竞争危机来临，尽管由于大批量生产降低了生产成本，但相关企业亦欲分一杯羹，竞争企业开始在该产品的基础上做些许改进。市场竞争日趋激烈。在这个阶段，消费者开始普遍认识到新产品的优点，有些抱有从众心理的消费者跟进购买，消费者从青年到中老年，有些消费者开始进行攀比，促使销售额不断增加。

3. 成熟期产品的特点

成熟期堪称产品生命周期的鼎盛时期，产品销售量达到顶峰，持续一段时间后，销售便会缓慢下来，逐渐进入几乎停滞的状态，产品种类不同，销售旺盛的持续期的长短也各不相同；从产品的质量看，此时产品本身的成熟度最高，性能稳定，销量最大；市场竞争更加激烈，产品已经不再是独占市场，产品价格逐渐 “平民化”，致使企业能拥有的利润开始下滑。消费者普遍分布于各个年龄群，特点是攀比心理严重，求廉心理众多，但由于消费者心理得到满足后，又开始寻找新的产品，部分消费者不再满足于现状，开始把目光投向更新的产品。

4. 衰退期产品的特点

产品的衰退期是指它在市场上失去了竞争能力，被消费者认为陈旧老化，产品的销售量下降，在市场上逐渐出现被淘汰的趋势，甚至出现一亏再亏的状态。一部分消费者期待变化，期待新产品；另一部分消费者期待降价；还有一部分消费者抱有怀旧心理，不愿接受新产品而成为老产品的持有者。

当我们调研消费者的消费心理时，可以通过列表的形式，分析各个消费群体的比例关系，如表 3-1 所示。

表 3-1　调研分析

产品生命周期	消费者群体	消费者个性特征	各消费群体人数比 /%
导入期	新潮人群	敢于冒险、独立性强、有经济实力	2.5
增长期	早期接受群体	有一定接受、领导和影响能力	13.5
成熟期	普遍接受群体	善于服从，从众心理强	68
衰退期	守旧群体	保守且传统，接受新事物迟钝	16

3.3　调研产品设计企业与生产企业

如果一件产品的设计缺乏生产意识，那么生产时将耗费大量的费用来调整和更换设备、物料和劳动力。相反，好的产品设计不仅表现在功能上的优越性，而且便于制造，生产成本低，从而使产品的综合竞争力得以增强。许多在市场竞争中占优势的企业都十分注意产品设计的细节，以便设计出造价低而又具有独特功能的产品。

许多发达国家的企业都把设计看作热门的战略工具，认为好的设计是赢得顾客的关键。产品设计能够满足消费者需要的最后环节就是生产企业，不了解生产工艺、企业的生产能力、企业的技术水平等相关因素，再优秀的设计也无法发挥其作用；反之，企业的技术力量再强，不重视产品设计，企业也不会有太好的竞争能力和发展前景。所以，充分调查产品设计企业和生产企业方方面面的状况，是给消费者提供优秀产品的前提，二者相辅相成。

3.3.1　产品设计企业

随着社会不断发展，市场经济的步伐进一步加快，我国的产品设计企业发生了日新月异、翻天覆地的变化。进入 21 世纪后，我国加入了世界贸易组织 (WTO)，加强了与世界各国的经济、文化更高层次、更深入的交流，这既是机遇，又是挑战。同时，又让我国的产品设计企业面临着严峻的市场挑战与激烈的竞争。

在这种情况下，工业产品设计行业肩负着提升中国企业的产品在国际上的竞争力的使命，被人们所关注并得到快速发展。目前，中国市场上的工业设计公司，大致可分为三类：本土公司、本土化的国外知名设计公司和国外的设计公司。

1. 本土公司

近几年，在国家对大学生创业的优厚政策的鼓励下，我国众多艺术类院校的优秀毕业生纷纷自主创业，设计公司如雨后春笋般在各个城市涌现，其中，不乏在国际上获得设计大奖，得到客户的纷纷认可与好评。

2. 本土化的国外知名设计公司

一般情况下，这类公司采用合资、合作的形式，引进国外知名设计公司的先进设计理念和设计师，注重品牌效应，使得产品的研发和制造本土化、品牌本土化、人力资源本土化、管理及营销方式本土化等。例如，DELL 公司在跨国经营中，注重产品制造的本土化，讲求技术创新、服务与信誉的整合效率，使消费者群体迅速扩大，市场快速裂变与发展。

3. 国外的设计公司

自从中国加入 WTO 后，国外知名跨国公司纷纷抢滩中国市场，以期在市场上占据一席之地，他们不仅看中了中国丰富的物产资源，更加看中中国雄厚的人才资源。近几年来，美国、英国、德国、丹麦、荷兰、意大利等国都有设计公司进入中国市场，如来自英国的阿特金斯设计公司，首先进入中国香港特别行政区，并在深圳设立基地，随后发展到上海、杭州、成都等城市，规模日益壮大。

3.3.2　产品生产企业

调查、研究产品的生产企业，应在国家政治、经济的大背景下，客观、理性地进行分析。毕竟，生产企业都是在国家制造业的大环境中生存，与国家的整体发展状况同步。有些涉外企业还受到全球政治经济的影响，来自国际社会的压力巨大。2011 年，德国工业科学院提出了"工业 4.0"，它特别强调把物联网与服务应用到制造领域，能自我预测、自我维护和自我组织学习。美国、英国也不甘落后，掌控着网络化、数字化、智能一体化等高新科技，我国的制造业要重新在国际上占有一席之地，需要做出重大调整。下面从三个方面具体分析。

1. 生产企业现状

近些年，我国的产品生产企业发生了很大的变化，据国家媒体报道，主要是由于全球产业格局变革带来的挑战，使得我国的生产企业感到压力重重。图 3-33 和图 3-34 所示为天津美术学院师生到天津北辰工业园区的塑料制品生产企业实地调研。

图 3-33　生产企业实地调研 1

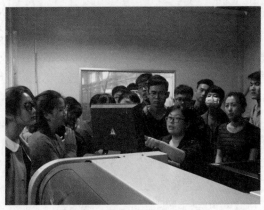
图 3-34　生产企业实地调研 2

我国制造业的压力源于如下两个方面：一方面，全球制造业领域的大竞争序幕正在拉开，西方国家正在回归工业化，欧美一些国家已经提出"再工业化"的政策主张，而不少后起的发展中国家对于制造业的产业追赶也在如火如荼地进行。显然，在一个动态竞争的世界里，我国制造业的竞争力不进则退。

另一方面，我国人口众多，是资源环境约束明显的发展中大国，过去采用大规模投入劳动力和自然资源，导致了环境承载力紧张的发展模式，不具备可持续性。因此，我国提出积极转变制造业发展模式的策略非常重要。我国从过去的开放国内市场换取国外先进技术，应进入自主创新的发展阶段，唯有依靠创新驱动，才能提高生产企业的竞争力，实现我国制造业的提升与发展。

2. 生产企业发展的方向

2015 年 5 月 19 日，中国政府网公布了《中国制造 2025》，这是我国实施制造强国战略第一个十年的行动纲领，提出了力争通过"三步走"实现制造强国的战略目标。

第一步：力争用十年时间，迈入制造强国行列。到 2020 年，基本实现工业化，制造业大国地位进一步巩固，制造业信息化水平大幅提升。掌握一批重点领域关键核心技术，优势领域竞争力进一步增强，产品质量有较大提高。制造业数字化、网络化、智能化取得明显进展。重点行业单位工业增加值能耗、物耗及污染物排放明显下降。到 2025 年，制造业整体素质大幅提升，创新能力显著增强，全员劳动生产率明显提高，两化（工业化和信息化）融合迈上新台阶。重点行业单位工业增加值能耗、物耗及污染物排放达到世界先进水平。形成一批具有较强国际竞争力的跨国公司和产业集群，在全球产业分工和价值链中的地位明显提升。

第二步：到 2035 年，我国制造业整体达到世界制造强国阵营中等水平。创新能力大幅提升，重点领域发展取得重大突破，整体竞争力明显增强，优势行业形成全球创新引领能力，全面实现工业化。

第三步：中华人民共和国成立一百年时，制造业大国地位更加巩固，综合实力进入世界制造强国前列。制造业主要领域具有创新引领能力和明显竞争优势，建成全球领先的技术体系和产业体系。

围绕实现制造强国的战略目标，《中国制造 2025》明确了 9 项战略任务和重点：一是提高国家制造业创新能力；二是推进信息化与工业化深度融合；三是强化工业基础能力；四是加强质量品牌建设；五是全面推行绿色制造；六是大力推动重点领域突破发展，聚焦新一代信息技术产业、高档数控机床和机器人、航空航天装备、海洋工程装备及高技术船舶、先进轨道交通装备、节能与新能源汽车、电力装备、农机装备、新材料、生物医药及高性能医疗器械十大重点领域；七是深入推进制造业结构调整；八是积极发展服务型制造和生产性服务业；九是提高制造业国际化发展水平。

《中国制造2025》中明确，通过政府引导、整合资源，实施国家制造业创新中心建设、智能制造、工业强基、绿色制造、高端装备创新5项重大工程，实现长期制约制造业发展的关键共性技术突破，提升我国制造业的整体竞争力。为确保完成目标任务，《中国制造2025》提出了深化体制机制改革、营造公平竞争市场环境、完善金融扶持政策、加大财税政策支持力度、健全多层次人才培养体系、完善中小微企业政策、进一步扩大制造业对外开放、健全组织实施机制8个方面的战略支撑和保障。

由此可见，我国已把创新机制放在第一要位，从中国制造向中国创造的转变需要以"设计"为突破口，提升设计理念和设计水平，创立自主品牌，充分发挥产品设计的优势。目前，我国的各大知名设计公司，已经与生产企业形成良性链接，如深圳嘉兰图设计有限公司，将设计产业链上下游的资源进行全面有效的整合，为客户创造商业价值；北京洛可可科技有限公司也一直运用设计思维和互联网思维相辅相成的模式，将文化、科技、生产和艺术进行完美的传承、跨界和创新，立足文化创意产业，并迅速由一家工业设计公司发展成为一家实力雄厚的国际创新设计集团。

3. 生产企业及时调整

在新的经济形势下，生产企业做出相应的调整是大势所趋。2013年11月3日，中国中央电视台的新闻联播发布了专题报道："互联网思维带来了什么？"让"互联网思维"这个词汇开始走红。互联网的发展过程，本质是让互动变得更加高效，包括人与人之间的互动，也包括人机交互。

最早提出互联网思维的是百度公司创始人李彦宏。在百度的一个大型活动上，李彦宏与传统产业的老板、企业家探讨发展问题时，李彦宏首次提到"互联网思维"这个词。他说："我们这些企业家们今后要有互联网思维，可能你做的事情不是互联网，但你的思维方式要逐渐像互联网的方式去想问题。"

在日经2013年全球ICT(Information and Communications Technology，信息与通信技术)论坛上，时任华为公司轮值CEO的胡厚崑说道："在互联网的时代，传统企业遇到的最大挑战是基于互联网的颠覆性挑战。为了应对这种挑战，传统企业首先要做的是改变思想观念和商业理念。要敢于以终为始地站在未来看现在，发现更多的机会，而不是用今天的思维想象未来，仅仅看到威胁。"

互联网无论对生活还是生产都会产生非常大的促进作用，我国科学院院士龚健雅认为："接下来受互联网思维的影响，会有三个方面的发展，一个是云计算，一个就是物联网，另一个是大数据挖掘。"未来我国的传统行业可以充分运用云计算技术收集产业数据，提升信息聚合的效率，将生产中各个环节的信息通过传感技术连接起来，实现更为高效的监控系统，同时对收集到云端的大数据进行分析挖掘，提供辅助决策。龚健雅分析道："物联网技术将会解决传统产业关于人与物和人与环境的交互问题，当然这之后由于所有的信息都被记录在一个信息框架之中，在云计算技术的支撑下，大数据分析会成为互联网思维带给传统行业的一个惊喜。"

可见，处于互联网时代，我们的思维方式已经在不知不觉中发生了很大的变化，产品设计与生产企业随之面临重大的经济转型。在我国沿海地区发展较快速的中小生产企业，已经将一些先进技术应用在产品制造过程中，数字信息技术、新材料、3D打印、云计算等新技术，正在改变以往的传统分工格局。

综上所述，产品设计调研不仅要调查、分析国内竞争对手的设计与生产能力，也要站在高点上清醒、客观地研究国际竞争对手的经济水平和设计、生产实力，才能充分把握自身的发展方向，立足于不败之地。

《第 4 章》
产品设计调研的方法

产品设计调研是一种可以运用的方法和手段，无论是在学术科研中，还是在设计实践的发展中，都需要产品设计调研，那么怎样运用产品设计调研是人们需要重点掌握的，即产品设计调研的方法。研究产品设计调研的方法，使研究者更加清楚地了解产品设计调研对于设计实践的进一步探索的重要性，掌握一系列有关怎样发展初始的想法和怎样深化研究，做好有条理有逻辑性的研究工作的书面呈现，学会使用正规通用的注释和引用方法等。总之，产品设计调研的方法对于产品设计有着至关重要的实际和理论意义。

4.1　怎样开始产品设计调研

万事开头难，有一个好的开头就意味着成功了一半。因此，在介绍具体的产品设计调研的方法之前，先对如何开始产品设计调研提供一些方式与方法启发大家思考。

产品设计调研遇到的第一个问题就是如何开始，那么从不同的角度去研究和搜索相关的资料是很好的方法。在研究的初步阶段，对于设计课题相关背景的研究能够使研究者更好地理解研究主题。

下面以研究床具为例，从以下几个方面去研究：①使用方式的方面，从对床具的使用方式总结，试图找到更好的使用方式；②历史的方面，从床具设计的发展历程中看到床具的变化；③横向比较的方面，在确定的时期，比较中国的家具和北欧家具的特点，看到文化背景对设计的影响；④实验的方面，探索用新的材料替换旧材料的可行性。初期研究的视野要宽广，在不断探索的过程中持续地提出问题，并慢慢从中找到自己最感兴趣的一点进行深入，研究的焦点也越来越集中。

1. 关于使用方式

为什么人类采取这些主要的睡眠姿势？

这是因为它们是对于人类来说最佳的睡眠姿势，还是因为人们习惯这样？

如果是后者，我可以提供一个机会去设计一个新的床具，它可以创造出新的睡眠姿势吗？我可以改变人们的生活方式，提供给他们更健康更美好的生活吗？

2. 对人类睡姿的研究

英国睡眠评估和咨询服务机构分析出以下 6 种常见的睡觉姿势，如图 4-1 所示。

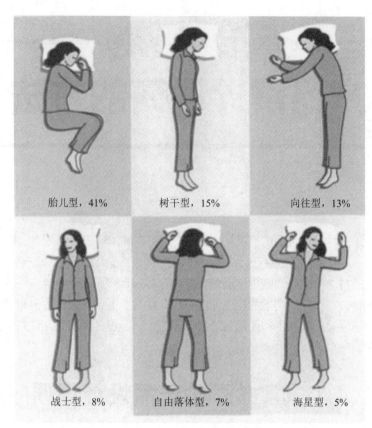

图 4-1 常见的睡姿

1) 胎儿型

那些蜷缩成胎儿姿势的人，被形容为外刚内柔，坚强的外表下有着一颗敏感的心。这是最常见的睡眠姿势，在 1 000 名的调查者中，有 41% 的人采用这种姿势。其中女性比男性多一倍。

2) 树干型

双手在两侧笔直向下伸展，身体靠一边平躺。这种类型的人比较容易相处，爱交往，喜欢融入人群，容易信赖陌生人。

3) 向往型

靠侧躺，双手由胸前向外伸展。这种类型的人一方面有开放性，另一方面则多疑，并愤世嫉俗。他们做决定比较缓慢，但一旦做出决定就不再改变。

4) 战士型

背靠床仰面平躺，双手紧贴两侧。采用这种睡姿的人通常比较安静和内敛。他们不喜欢忙乱，对自己和对他人都有较高的标准。

5) 自由落体型

面向床扑躺，双手抱枕，脸靠枕头偏向一侧。这种类型的人容易合群，性情较急，但也能保持镇静，脸皮较薄，不喜欢批评或极端的情况。

6) 海星型

面朝天花板仰躺，双手上翻靠枕。这种类型的人有很多好朋友，因为他总是在倾听对方，并且在别人需要的时候提供帮助。他们不喜欢成为引人注意的焦点。

睡眠专家建议侧睡。如果背部不舒服，可以考虑在双腿之间放置一个枕头来缓解你的臀部与背部的压力。

如果你喜欢躺睡，一个小的改变可以帮助你睡得更香。尝试将一个软枕头或卷起的毛巾放置在膝盖下方，形成脊柱的自然曲线。

3. 对动物睡姿的研究

不同的动物为什么有不同的睡眠姿势（见图 4-2)？

人类与动物的睡眠姿势有什么不同？

我们可以从自然中得到灵感吗？

图 4-2　动物的睡姿

4. 关于睡眠的调研（来源于英国更好睡眠委员会）

更多的女性觉得她们没有得到足够的睡眠 (53%)，男性占 47%。

成人在 35~54 岁之间感觉更多的睡眠被剥夺 (52%)，其他成年人 (18~34 岁占 44%，55 岁以上占 4%)。

女性有更多的睡眠需求，但比男性更容易遭受睡眠缺乏。

近一半 (47%) 的睡眠不足的成年人使用的是不够舒适的床垫。他们通常倾向于一个稳定的睡眠与起床时间安排。

近 6/10 的成年人 (59%) 认为新的床垫会改善他们的睡眠。

5. 关于床具的历史

早期的床多是运用稻草或其他天然材料制作的。

几个世纪以来，在不同文化中，床具被认为是最重要的家具，是一种身份的象征（见图 4-3和图 4-4)。

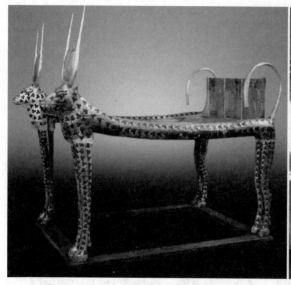

图 4-3　床具的历史 1

图 4-4　床具的历史 2

6. 床具的历史——时间线

下面是对国外床具发展历史的调研，以 17 世纪至 20 世纪为时间线，对床具的形态、材料、结构等方面进行调研，从纵向对比中可以了解国外床具的发展演变。

17 世纪：用木材框架作为床具的主体支撑，用绳子和皮革构成了帷幔。

18 世纪：在 18 世纪中期，床顶的帷幔由高质量的亚麻和棉布制成。

19 世纪：钢铁取代了过去的木材框架。1865 年，第一个螺旋弹簧结构的床具出现了。

20 世纪：20 世纪 30 年代，以内装弹簧的床垫和软垫为基本配置的床具形成了，成为现在人们使用的典型床具形式。

7. 床具的类型

现在人们日常生活中除了普通家用的床具外，常见的床具类型还有炕、榻榻米、传统中式床、婴儿床、双层床、医疗用床等（见图 4-5）。

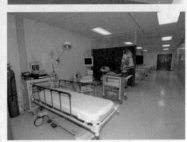

图 4-5　床具的类型

8. 关于生活方式

人们想要拥有怎样的家？人们想从家里得到什么？

人们的喜好和生活方式是怎样影响他们的家和家里的物品的（见图 4-6）？

"家"的含义——"我的家：光、宁静和放松。""我更喜欢自然的色调，柔和圆润的形状，我有很多花盆和舒适的材料，如木头、亚麻和羊毛。""我想要一个房子，它让我感觉像是在度假。不可否认的是，像是在度假的房子十分诱人，让人们逃离城市。它提供了从城市激烈的竞争中逃离的可能性，是许多人的梦想。"……

9. 关于设计方向

生态设计——怎样在巨大的人口压力下保护和保留自然环境，经济发展已成为全球问题。

我可以在满足人们基本的要求下，尽量减少能源的消耗和资源的浪费吗？

由此可以联想到中国古代思想、目前的环境问题与产品设计之间的关系，寻求环境友好的生态设计和绿色设计（见图 4-7）。

图 4-6　家庭陈设

图 4-7　设计方向——生态设计

10. 关于社会的科技、经济、文化等方面背景的研究

(1) 研究从 14 世纪至今的欧洲室内设计，它显示了人们审美、生活方式和时尚的变化。

(2) 研究从 14 世纪至今的室内设计与同时期发生的事件，包括社会事件、战争、文化交流、科学和经济发展等。

(3) 世界发生最大变化的时期是 20 世纪，经济的迅猛发展使科技也迅速地发展起来，这为艺术和设计的发展提供了更广阔的平台，而许多新的产品也出现在这个时期，20 世纪的变革不仅是科技上的，也是人们思想上的。

(4) 人口迁移与经济因素也是影响设计的重要因素。

(5) 不同地区的文化对当地的产品也潜移默化地产生强大的影响。斯堪的纳维亚设计因为拥有独特的风格，广受人们的喜爱，与亚洲风格相比有很多不同，首先体现在色调上，亚洲风格喜爱浓郁的红色，而斯堪的纳维亚设计普遍运用白色和蓝色等清新的色彩。

(6) 对不同类型房屋的搜索，包括公寓、套房、独立别墅、两户相连的别墅、联排别墅和它们相应的内部室内设计，试图找出房屋的类型与它们的室内设计是否有某种关系。经过研究发现，中国的别墅一般只有富裕的家庭才承担得起，其室内设计更多的是倾向于古典欧式风格。

(7) 在物品的使用习惯上也有区别。以沙发为例，中国人一般在客厅沙发上招待客人，但自己用的频率并不高，而更喜欢在卧室里看电视；西方人更习惯在起居室的沙发上聊天、看电视、喝酒消遣。

由研究整理可以看到研究者是怎样发现问题，并从问题出发推动研究进一步发展。

4.2　产品设计调研的具体方法

4.2.1　反思日志

把平时所看到的、所经历的事物有意识地积累、分析和总结，以规范的形式记录下来，逐渐能够使人们形成自己的知识结构和思想观念，为产品设计调研打好基础，这就是反思日志。研究结果的书面形式分为三种：文献综述、语境回顾和反思日志。反思日志是调研工作的基础和过程，而文献综述和语境回顾则是反思日志内容的精选、观点的集合与思考的升级，所以做好反思日志对于调研工作至关重要。

反思日志应该怎样进行呢？以下几个方面会对开始写反思日志非常有帮助。

与设计实践相联系：设计实践将是研究的起点，当开始自己的设计实践时，要思考你想出的问题或者自问自答地尝试去寻找答案。在研究中，用批判性的角度去研究别人的作品，进而联系到自己的设计实践，从中找到自己的作品与其他人的作品之间的关系，并且要严谨地反思自己的观点，反思自己所运用的设计思想，包括设计风格、设计原理、设计方法，以及这些思想是怎样影响你的设计实践态度和发展的。

了解你的主题：你需要熟悉所要研究的领域，例如这个领域内正在进行的辩论、学术讲演，还需要探索这方面的论著和咨询一些专家。

保持批判性思维：你的研究工作应该对这个主题有所探索和揭示，同时在这个领域里贡献出新的知识，因此，你不仅要想到怎样证实你自己的观点是对的，同时也要想到，通过你的研究（你的结论）得出与你最初的预想有可能是矛盾的。

因此，调研的开始可能关注你曾经阅读过的资料中悬而未决的问题；也可能关注你曾经遇到过与设计实践直接相关出现的现象和问题；也可能来自与你的导师之间的讨论或者是其他实践者的工作带给你的启发。然而要想达到最好的效果，反思日志必须坚持下去，量变才能产生质变。反思日志可以记录在笔记中，但更好的方式是建立博客发布在网站上，在这个平台上人们可以对你的日记发表自己的观点，甚至可以提供更多的信息和资源，如图 4-8 所示是在 WordPress 上发布的反思日志。

翻译：这些是 Secto Design 的设计作品。Secto Design Oy 是一家芬兰公司，专业从事木制灯具设计。Secto Design 设计的灯罩是由芬兰桦树手工制作的，由技艺高超的工匠制作而成。建筑师 Seppo Koho 的设计具有清晰简单的斯堪的纳维亚风格。木材为气氛和吸引力提供了柔和的光度。

这些设计非常简单，但是如果你仔细欣赏会发现，它们是迷人的，细节是值得推敲的。因为其简单的形状，显示了自己的颜色和纹理的吸引力，并且这种吸引力非常强烈。

图 4-8 反思日志

四盏同样形状的灯使用了四种渐变的颜色，由于颜色和形状的结合，每个灯都有自己的渐变颜色。这些设计就像一系列有趣的研究、实验和游戏，让人深思。每一条线的长度和弧度都处理得恰到好处，可以看出设计师的细腻思想。

当研究者已经确定了研究主题和进一步想要研究的设计师、作品、资料等，这时需要研究者提出更多的问题。当研究者已经找到与自己设计实践相关的主题或领域时，却很难将自己的想法转化为严谨的学术辩论。"变量"一词原来只是一个数学名词，而今被广泛运用于统计学、物理学、计算机、心理学中，大意是在数量和质量上可以改变的事物。我们在产品设计调研中引入变量，可以使研究变得更有趣也更加集中，帮助研究者批判性地认真思考自己的工作，选中研究的艺术家、设计师和主题范围。

举例说明，假设提出一个问题：人们对于现代产品设计有怎样的看法？下面以洛斯·拉古路夫设计的家具为例（见图 4-9 至图 4-11）进行介绍。在这个层次上，这个问题得到的回答可能是很模糊的，可获得的信息并不多，因

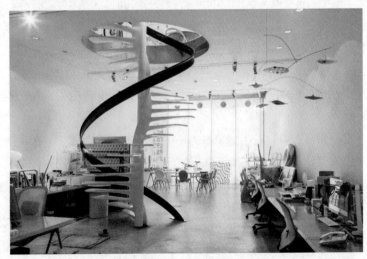

图 4-9 家具作品 1

为问题本身提出的不明确、不清楚。然而，在这个基础上引入变量可以引出一系列问题，这些问题具有现实和理论意义，例如：

(1) 在不同的使用环境下，洛斯·拉古路夫的设计作品是怎样满足人们的需求的？

(2) 当今的评论家怎样评论洛斯·拉古路夫的设计作品？

(3) 他的设计理念是受到哪些方面的影响而形成的？

(4) 洛斯·拉古路夫的设计作品对以后的设计有着怎样的影响力，对人们的生活又有哪些影响？

(5) 通过洛斯·拉古路夫的设计作品，我们是否能理解他的设计理念，是否能理解这些所产生的语境？

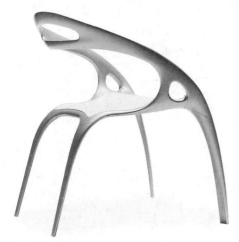

图 4-10　家具作品 2

图 4-11　家具作品 3

以上这些例子就是从一个问题中怎样引入变量，找到更可能多的角度和问题，从而帮助研究者探索潜在的研究问题。另外，文献综述也帮助人们分析和理解关于研究主题之前的研究与现在正在进行的研究之间的关系。当研究者阅读研究主题区域内的资料文献时，需要保持严谨的批判性的态度，批判性思维并不意味着要找到你读过的每篇文章或资料中的缺陷或问题，而是评估这些内容是否可以运用到自己的研究中，并发展出自己的学术观点。

我们在前文已经介绍了文献综述和语境回顾的结构，即介绍、主体、结论。介绍的主要功能是提供研究的背景、说明研究的目标和简要叙述研究的计划，内容包括定义、表明主要想法或观点、暗示结论等。主体可以分成 3~4 个部分，每个部分需要仔细选择例子，使你选择的设计师或艺术家发挥他们的作用，当你深入研究时要不断地反思、思考并及时调整原来的研究规划。结论是集合你的论点、研究目标（回应介绍中提出的研究目标）、总结主要观点、陈述你的结论（你的发现）。

在反思日志中，应用比较多的是图片日志。图片日志是指用户通过照片或绘画等图形化的方式记录日常活动。图片日志能够以视觉化的方式记录日常生活中需要研究者注意和观察的事物，例如用户与产品、空间与系统的关系。图片日志是一种很有效的观察方法，它可以给研究者带来灵感。图片日志需要研究者身处在环境中，因此嗅觉、触觉和听觉都是激发研究者的因素，并且图片日志的连续性和历史的记录可以成为研究分析的重要信息和证据。图片日志有助于收集、洞察他们的日常行为，可以发现平时人们发现不了的信息，如图 4-12 和图 4-13 所示。

图 4-12　观察人们喝咖啡

图 4-13　观察人们用餐

　　一般来说，进行图片日志需要制订一个计划和主题，或是定时每天一个时间记录，试图找到某些规律性的现象，或是同一类型的集中记录比较，找到潜在的问题。总之，图片日志是收集资料、激发灵感、发现问题的重要方法，它属于初级研究这一阶层的研究。

4.2.2　访谈

　　访谈是一个获得信息的方法，通过沟通、询问、接触相关人群，获得信息和人们的主观感受及想法。在设计调研中，访谈使研究者得到生动的、直接的信息，获得一手资料。访谈包括电话访谈、计算机辅助电话调查、面访。

1. 电话访谈

　　随着手机使用的普及，电话访谈已经成为经常使用的访谈方式，电话访谈的时间一般需要控制在 20 分钟以内，以避免受访者产生厌倦情绪，所以电话访谈适合比较简单形式的访谈。电话访谈是调查员使用电话，按照已获得的号码或者用随机拨号的方式拨打电话，当电话接通时调查员按照准备好的问题逐个向被调查者提问，同时迅速记下回答的答案。

　　电话访谈与其他访谈形式相比有自己的特点，最突出的就是费用低和样本覆盖面广。与面谈相比，电话访谈用时少，成本低，效率高，能够收集大量的信息。随机采集样本的方式也能使电话访谈轻易得到广泛的调查样本。然而，电话访谈也有一些缺陷，例如，如果需要展示演示物，电话访谈就不适用了，并且电话访谈的成功率不高（打电话可能没人接，或者有人接但不愿意花费时间接受电话访谈）。

2. 计算机辅助电话调查

计算机辅助电话调查 (Computer Assisted Telephone Interview，CATI) 是计算机与电话访谈相结合的一种调查方式，计算机代替了写字板和问卷。在计算机辅助电话调查中，每一位调查员都坐在一台计算机终端或个人计算机面前，当电话接通以后，问卷和选项立即出现在屏幕上，调查员根据屏幕上的问卷进行提问，并将被调查者的回答迅速录入计算机中。

在计算机辅助电话调查中，直接输入调查结果和数据，免除了传统电话访谈的后期处理，节约时间。当输入数据后就可以立即得到计算机对调查结果的分析，并且调查员可以在调查进程的任何阶段进行统计分析。同样，计算机辅助电话调查也有局限性，计算机辅助电话调查的问卷需要技术员提前输入（而传统的问卷访谈可以随时起草），缺乏灵活性，问卷中的开放性问题也要求调查员有熟练的打字技术。因此，计算机辅助电话调查更适合大规模的结构性采访，尤其是已找出所有可能的回答并列出这些经编码的备选答案的重复性调查。

3. 面访

面访是最早的调查方式之一，即使现在出现了更多的调查方式，面访依然不能被彻底替代。面访一般包括三种方式：入户面访、街头面访和计算机辅助面访。

1) 入户面访

入户面访调查是调查员在受访者的家中进行的访谈，在进行入户面访调查时，访谈员按照问卷或调查提纲进行面对面的直接访谈。入户面访调查与其他方式的访谈相比，时间可以长一些，调查的内容相对复杂，更有利于开放式问题的询问，也适合需要展示产品或演示品的访谈。由于面对面的接触和观察，调查员可以与受访者进行眼神接触，再加上对受访者表情与动作的观察，调查员会更准确地理解受访者的意思。入户面访在受访者熟悉的环境下进行，可以放松地参与访谈，更容易使受访者深入思考问题，从而获得高质量的调查结果。然而入户面访的用时与费用比较多，这也是我们所要考虑到的。

案例一：

关于平板电视的生活形态研究入户调查方案

第一部分　地区选定

地区选定以辽宁为例，根据官方给出的 2013 年辽宁省各市人均 GDP 排名，大连、盘锦、沈阳以 18 465.69 美元、15 775.55 美元和 14 389.24 美元，分列省内前三，经济收入是影响居民消费的先决条件，因此选定大连、盘锦和沈阳三个城市作为重点研究区域。

第二部分　专家意见

从社会学研究、商场销售、家装设计、产品体验四个方面入手，分别选定辽宁大学社会学教授、沈阳国美电器销售经理、盘锦家装公司经理兼首席设计师、沈阳嘉兰图产品体验设计师，给出各领域的专业性意见和建议，有利于确定调研方向。

第三部分　用户选择

以家庭周期理论为指导，选定不同家庭周期阶段的用户，兼顾不同职业和地区。

从家庭周期阶段区分：新婚期 1 例，借以表达中国婚礼习俗；满巢期 (1) 拟定 2 例；满巢期 (2) 拟定 3 例；满巢期 (3) 拟定 4 例；空巢期拟定 2 例。

中国家庭购买电视机的时间点：1. 新婚购置家电。2. 改善居住环境。

职业包括画家、金店老板、公务员、设计师、大学教师、装修公司经理、白领。

按照地区区分：大连 2 例，盘锦 3 例，沈阳 7 例。

第四部分　问卷设计

生活形态调研以入户调研为主，以商场访谈和街头采访为辅。

问卷设计以入户调研为例。

4-1 家庭成员信息，包括家庭成员的关系、年龄、职业、收入 (区分个人和总收入)、受教育程度等。

4-2 户型调研，包括各房间面积 (研究户型对电视机摆放位置的影响)。

4-3 电视机及周边，包括电视机的布置方式、周边装饰、家具和产品等。

4-4 家居陈设，带有典型传统文化特征的物件。

4-5 衣食住行，典型反映主人身份、性格、习惯特征的穿着、配饰、交通工具等。

4-6 问卷内容。

4-6-1 生活习惯和兴趣爱好，包括时间安排 (区分工作时间、周末、假期，特别备注春节等重要节日) 和开销比例 (每月固定开销比例，额外开销分配比例)。

4-6-2 家庭及社会关系 (家庭成员情感权重、问题解决，社会联络方式和频率)。

4-6-3 家中有哪些数码类产品 (和电视机可以产生联系的如数码相机、手机、Pad、笔记本电脑、X-BOX 等，是否对一些用电视机播放手机或笔记本电脑内的电影、游戏、音乐有兴趣)。

加入电视开机频率：每天观看多久，收看电视的时间多为哪个时段？

4-6-4 对电视的态度 (品牌、购买及使用时间、频率、主要购买及使用者、使用模式和抱怨、Second TV)。

第五部分　实施方案

"4-1 家庭成员信息"直接记录，不设定在问卷内容中；"4-2 户型调研"结合网络信息和实地信息记录；"4-3 电视机及周边、4-4 家居陈设、4-5 衣食住行"通过拍照方式记录。

案例二：

问卷设计正文

尊敬的受访者：

您好！

感谢您在百忙之中抽出宝贵的时间参与我们的中国家庭生活形态研究。您的意见将有可能影响到中国家庭的和睦关系，并对中国家庭娱乐方式产生积极而深远的影响。因此，您的意见对我们来说至关重要。

同时我们郑重承诺，将对您的信息保密，并不涉及隐私。另外，我们的研究内容应用于学术，不涉及任何商业性质。请您放心填写，并提供准确信息。

感谢您的支持和帮助！

1.您最近一周的时间安排是怎样的？

回答：上学，复习考试

2.您上个月的花销主要集中在哪方面？

回答：食品

3.您五一和端午节是怎么安排的？

回答：在家复习考试

4.您家过年期间都在哪里？怎么度过？

回答：在家，天津，和家人团聚，吃饭

5.您家小孩或老人和谁关系最亲？

回答：妈妈

6.夫妻或婆媳矛盾一般怎么解决？

回答：本人未婚

7.列举您最近一周联系的人和联系方式。

回答：同学，家人，微信，QQ

8.您一般通过何种渠道获取产品信息？

回答：网络

9.最近 2 年有购买电视机的打算吗？

回答：没有

10.您家在购买时谁说了算？

回答：我

11.在购买电视机时注重外观、功能还是品牌？为什么？

回答：重视清晰度，看电视主要看清晰度。

12.您家电视机平时都是谁在看？一般都什么时间？常用哪些功能？

回答：爸爸，晚上，看有线电视，没有了，别的功能太复杂，玩儿不转

13.现在的电视机有什么不好的地方？

回答：无

14.您家有多台电视机吗？什么情况下购买的？

回答：有 2 台。装修的时候就是想到要在主卧也放一个，其实也很少用。

15.您关注过 × 品牌的电视产品吗？怎么评价？

回答：很久没有购买电视机的计划，没有关注

感谢您的如实回答！

祝您家庭美满，生活幸福！

2) 街头面访

街头面访调查一般在超市、商贸中心、广场、车站等地段展开。在调查过程中，访谈员按照规定的程序和要求选取被调查者，征得其同意后，在现场或者附近的访谈室展开访谈。街头面访分为流动街访和定点街访。流动街访是访问员在事先选定的地点，选择合适对象，完成简短的问卷，常用于需要快速完成的小样本的探索性研究。而定点街访是在事先选定的场所内，租借好访问专用的房间或厅堂。在此地附近，按一定的程序和要求，拦截访问对象，征得其同意后，带到专用的房

间或厅堂内完成面访，常用于需要进行实物演示或特别要求有现场控制的探索性研究，或需要进行实验的因果关系研究。

街头面访的对象是街上行走的人群，在不同场合可以面访到不同的人群，例如在车站是面访通勤人员的地方，商场更多的是女性，而游乐场更多的是家庭。街头面访的时间一般控制在5分钟左右，因为在街头人们往往不愿意抽出更多的时间做长时间的访问，而且室外的面访更容易受到天气的影响，光线差或下雨都会使街头面访难以进行。街头面访的费用比电话访谈和入户面访要低，频率相对也高，但街头面访所调研的对象并不全面，例如全职人员与不愿意逛街的人就很难采访到，因此，街头面访在样本代表性、回答率上比不上入户面访调查，并且由于街头的访谈环境不如入户访谈的环境舒适，被调查者可能会表现出不安、急躁的情绪。

3) 计算机辅助面访

计算机辅助面访调查(Computer-Assisted Personal Interviewing，CAPI)是计算机与入户面访和街头面访相结合的一种调查方法，是经过培训的访谈员配备笔记本电脑向被调查者进行面访调查。在计算机辅助面访调查中，调查问卷事先存储在计算机内，调查员根据屏幕上所提示的问题顺序和指导语逐项提问，并及时将被调查者的回答通过键盘、鼠标或专用电脑笔输入计算机。计算机辅助面访调查与计算机辅助电话调查一样，都是把现代技术运用到传统的调查研究中。

4.2.3 问卷调查

问卷调查在设计调研方法中是经常用到的一种方法，调查者可以通过设计问卷和对人群的问卷调查，得到调查的相关信息和数据，是前期收集信息很有效的方法，用于后面的数据分析。问卷调查是设计师有利的研究手段，要了解问卷调查的特点、结构、种类、一般程序、应注意问题、优点及缺点，要学习问卷调查及设计的相关知识，使设计调查更有效地为设计调研服务。按照问卷填答者不同，可分为自填式问卷调查和代填式问卷调查。自填式问卷调查中，按照问卷传递方式不同，可分为报纸问卷调查、邮政问卷调查和送发问卷调查；代填式问卷调查中，按照与被调查者交谈方式不同，可分为访问问卷调查和电话问卷调查。

问卷是问卷调查中收集资料的工具。问卷的设计，在很大程度上决定着问卷调查的回答质量、回复率、有效率，以至整个调查工作的成败。因此，科学设计问卷，在问卷调查中具有关键性意义。问卷调查的一般程序是：设计调查问卷，选择调查对象，分发问卷或开展调查，回收问卷、审查问卷。然后，再审核、整理回收的问卷并进行分析和研究。

1. 调查问卷的一般结构

问卷要有一个醒目的标题，能让被调查者很快明白调查的意图。调查问卷的结构一般包括三个部分：前言、正文和结束语。

1) 前言(说明语)

首先是问候语，要向被调查对象简要说明调查的宗旨、目的和对问题回答的要求等内容，引起被调查者的兴趣，同时解除他们回答问题的顾虑，并请求当事人予以协助(如果是留滞调查，还应注明收回的时间)。例如，您好，谢谢您参加我们的调查！本次调查只需要占用您两分钟的时间。对于您能在百忙之中填写此问卷再次表示感谢！

2) 正文

正文是问卷的主体部分，主要是调查项目、调查者信息。

调查项目，是调查问卷的核心内容，是组织单位将所要调查了解的内容，具体转化为一些问题和备选答案。

调查者信息，是用来证明调查作业的执行、完成和调查人员的责任等情况，并方便日后进行复查和修正。一般包括调查者姓名、电话，调查时间、地点，被调查者当时合作情况等。

3) 结束语

在调查问卷最后，简短地向被调查者强调本次调查活动的重要性以及再次表达谢意。例如，为了保证调查结果的准确性，请您如实回答所有问题。您的回答对于我们得出正确的结论很重要，希望能得到您的配合和支持，谢谢！

2. 问卷设计

问卷设计的好坏是关系到调查活动能否成功的关键因素，它对调查问卷的有效性、真实度等起着至关重要的作用。

1) 明确调研目的与内容

在设计问卷时，首先要确定调研目的、数据分析方法等因素，再确定问题类型。在问卷设计中，最重要的一点就是必须明确调查目的和内容。为什么要调查？对哪些对象进行调查？调查需要了解什么？不同的调研目的，所设计的问题也不同，要明确调研的目的，尽量做到精简，每一道题目都要认真考虑是否与调研有着密切的关系，因为冗长的问卷会使人厌烦，对于后面的问题就不会充分考虑了。所以，要确定主题和调查范围。根据调查的目的要求，研究调查内容、调查范围等，酝酿问卷的整体构思，将所需要的资料一一列出，分析哪些是主要资料，哪些是次要资料，淘汰那些不需要的资料，再分析哪些资料需要通过问卷取得、需要向谁调查等，确定调查地点、时间及调查对象。另外，要分析样本特征，即分析了解各类被调查对象的基本情况，以便针对其特征来准备问卷。

2) 问卷项目设计

问卷调查根据不同的分类方式可以有不同的分类。问卷调查可以通过三种方式进行，分别是电话采访、面访和自填式问卷，这三种不同的方式需要三种不同形式的问卷，它们是：结构式、半结构式和非结构式。结构式问卷适用于大型的定量研究，由封闭式或提示性问题组成；半结构式问卷适用于定性的消费者研究和 B2B 研究，由封闭式和开放式问题共同组成；非结构式问卷适用于定性研究，由自有限定范围的问题组成，使受访者有自己的方式表达他们的想法。

而问卷的题目一般根据他们的目的来分类，问卷的目的是收集三种不同类型的信息：关于行为的信息、关于态度的信息和用于分类目的的信息。行为的信息是寻求关于受访者做什么、拥有什么、某种行为的频率等信息；态度的信息是关于受访者对某种事物的看法、印象、分级和做事的原因；用于分类目的的信息是将受访者分组来发现他们之间的差异，如性别、年龄、职业、家庭结构、社会阶层、家庭所在地等信息。

那么，不同类型题目的问卷是怎样设计的呢？

(1) 两项选择题由被调查者在两个固定答案中选择其中一个，适用于"是"与"否"等互相排斥的二择一式问题。

两项选择题容易发问，也容易回答，便于分类与分析调查结果，被调查人能表达出意见的深度和广度，因此一般用于询问一些比较简单的问题。并且两项选择必须是客观存在的，不能是设计者凭空臆造的，需要注意其答案确实属于非 A 即 B 型，否则在分析研究时会导致主观偏差，例如性别的选择，除了男女之外没有别的选择了。

(2) 单项或多项选择题是对一个问题预先列出若干个答案，让被调查者从中选择一个或多个答案。

这类题型问题明确，可以了解被调查者的相关资料，以便对被调查者进行分类，包括被调查者的年龄、职业、受教育程度等。这些内容可以了解不同年龄阶段，不同文化程度的个体对待被调查事物的态度差异，在调查分析时能提供重要的参考作用，甚至能针对不同群体写出多篇有针对性的调查报告。但由于被调查者的意见并不一定包含在拟定的答案中，因此有可能没有反映其真实意思。对于这类问题，我们可以采用添加一个灵活选项，如"其他"来避免。

(3) 程度性问题是指当涉及被调查者的态度、意见等有关心理活动方面的问题，通常用表示程度的选项来加以判断和测定。

但这类问题的选项，对于不同的被调查者有可能对其程度理解不一致。因此，有时可以采用评分的方式来衡量或在题目中进行一定的说明。

(4) 开放式问题是一种可以自由地用自己的语言来回答和解释有关想法的问题。

即问卷题目没有可选择的答案，所提出的问题由被调查者自由回答，不加任何限制。使用开放式问题，被调查者能够充分发表自己的意见，活跃调查气氛，尤其是可以收集到一些设计者事先估计不到的资料和建议性的意见。但在分析整理资料时由于被调查者的观点比较分散，有可能难以得出有规律性的信息，并导致调查者的主观意识参与，使调查结果出现主观偏见。

3) 设计问题项目的原则

设计问题项目除需要根据调查目的来选择合适的题型外，还需要遵循以下几个原则。

① 必要性原则

为避免被调查者在答题时出现疲劳和厌烦，随意作答或不愿合作，问卷篇幅一般尽可能短小精悍，问题不能过多，题目量最好限定在 20 ~ 30 道 (控制在 20 分钟内答完)，每个问题都必须和调研目标紧密联系，并且考虑题目之间是否存在同语重复、相互矛盾等问题。问卷上所列问题应该都是必要的，可要可不要的问题不要放入。

② 准确性原则

问卷用词要清楚明了，表达要简洁易懂，一般使用日常用语，避免被调查者有可能不熟悉的俗语、缩写或专业术语。当涉及被调查者不太了解的专业术语时，需对其做出阐释。

问题要提得清楚、明确、具体。语意表达要准确，不能模棱两可，不要转弯抹角，避免用"一般""大约"或"经常"等模糊性词语。否则容易使人误解，影响调查结果。例如，你多长时间去附近的市场买东西？备选答案是"一周一次"或"一周三次"要比"一般"和"经常"准确得多。

一个问题只能有一个问题点。一个问题如果有若干问题点，不仅使被访者难以作答，其结果的统计也很不方便。例如，"你为什么选择使用 kindle 读书而不读纸质书？"这个问题包含了"你为什么选择使用 kindle 读书？""你为什么不读纸质书？"和"什么原因使你改用 kindle 读书？"防止出现这类问题的最好方法，就是分离语句，使得一个语句只问一个要点。

③ 客观性原则

避免用引导性问题或带有暗示性或倾向性的问题。调查问句要保持客观性，提问不能有任何暗示，措辞要恰当，避免有引导性的话语。

这类问题会带来两种后果：一是被访者会不假思索地同意引导问题中暗示的结论；二是使被访者产生反感。既然大多数人都这样认为，那么调研还有什么意义。或是拒答或是给予相反的答案，如"普遍认为""权威机构或人士认为"等。例如，"对于某产品的使用体验你怎样评价？"备选答案是"极好""很好""较好""还可以"，这样会导致受访者没有机会表示差或是很差。

④ 可行性原则

调查问题中可能会涉及一些令人尴尬的、隐私性的或有损自我形象的问题，对于这类问题，被调查者在回答时有可能不愿做出真实的回答。因此设计提问时，要考虑到答卷人的自尊，可将这类敏感性的题目设计成间接问句，或采用第三人称方式提问，或说明这种行为或态度是很大众化的，来减轻被调查者的心理压力。比如 "你的年收入是多少？"可能导致被调查者难以回答，而影响调查结果的真实性，如改用"你们这一年龄或职称的老师年收入是多少？"

另外，所问问题是客户所了解的。所问问题不应是被调查者不了解或难以答复的问题。使人感到困惑的问题会让你得到的是"我不知道"的答案。在调查时，不要对任何答案做出负面反应。如果答案使你不高兴，不要显露出来。如果别人回答，从未听说过你的产品，那么说明他们一定没听说过。这正是你为什么要做调查的原因。

4) 调查问卷设计的注意事项

调查问卷需要精心设计，目的是使受访者更顺利、更容易地接受并充分思考问题，因此在设计中需要注意以下事项。

(1) 调查问卷必须方便数据统计分析，其结果能回答调查者想了解的问题，确定可以进行分析的分类，并且可以用计算机进行统计。

(2) 要注意问题的逻辑顺序，可以将问题按时间顺序、类别顺序进行列框，由一般至特殊，循序渐进，逐步启发受访者，使得受访者一目了然，符合被调查者的思维程序与思路，在填写问卷的时候自然就会愉快地配合并对问卷调查主题已熟悉且充分思考。

(3) 还要注意问题之间内在的逻辑性和分析性。问题与问题之间要具有逻辑性、连贯性、条理性、程序性，所提的问题最好是按类别进行"模块化"。问题设置紧密相关，问题集中、有整体感、提问有章法。如同样性质的问题应集中在一起，以利于被访者统一思考，否则容易引起思考的混乱。被调查对象就能够获得比较完整的，而不是发散的、随意性的、不严谨的信息。

(4) 在安排上应先易后难，从一个引起被调查者兴趣的问题开始，再问一般性的问题、需要思考的问题，而将敏感性问题放在最后 (将比较难回答的问题和涉及被调查者个人隐私的问题放在最后)；容易回答的问题放在前面，较难回答的问题放在稍后。半开放式问卷中，封闭式问题放在前面，开放式问题放在后面，这样可以使受访者慢慢进入问卷主题充分思考后来表达自己的想法。

(5) 在展开大型调查活动前，最好预先在小范围内进行测试，其目的主要是发现问卷中存在歧义、不准确、解释不明确的地方。并且寻找封闭式问题额外选项，以及了解被调查者对调查问卷的反应情况，从而对调查问卷进行修改完善，再展开大型的调查活动，以保证问卷调查活动的目的顺利实现。

3. 问卷调查常用的几种形式

问卷调查是调查的内容，它需要一定的载体去呈现，以下是常用的几种问卷调查形式，不同的问卷调查通过不同的方法和媒介使受访者接受调查。

1) 受访问卷调查

受访问卷调查是访谈与问卷的结合，在面访、电话访谈、入户访谈、街头访谈中，调查员运用事先设计的问卷，逐一对受访者进行提问。

2) 普通邮寄调查

将问卷通过邮局寄给选定的被调查者，并要求他们按规定的要求和时间填写问卷，然后寄回调查机构。普通邮寄调查的程序是：根据研究目的确定被调查者人群，与他们进行沟通以保证调查可以顺利进行，然后寄出问卷，在调查的过程中也与被调查者保持联系，使问卷真正达到调查的目的，并要求在规定的时间内收回问卷，收到问卷后对其进行统计与分析。

普通邮寄调查已规定受调查者，所以这种调查范围小，花销较多，但由于与被调查者充分地沟通，得到的问卷成功率也较高。

3) 固定样本邮寄调查

固定样本邮寄调查是根据调查目的抽取一个样本，征求这个样本中调查者的同意后向被调查者定期邮寄问卷，要求被调查者按问卷要求填写问卷并寄回调查机构。这种问卷调查有样本老化的问题，如果不定期更换被调查者，被调查者很可能已经不在原来设定的样本里了，那么调查的结果也就不准确，因此固定样本调查需要定期地更换被调查者。固定样本邮寄调查一般用于电视收视率、广播收听率、报纸阅读率、家庭消费调查（家计调查）或其他商业性的定期调查。

4) 留置问卷调查

留置问卷调查是调查员按面访的方式找到被调查者，说明调查目的和填写要求后，将问卷留置在被调查者处，约定一段时间后再来取回填好的问卷，它是介于邮寄调查和面访之间的一种调查方法。由于留置问卷调查是调查员留置在被调查者处，因此匿名保密性强，并且调查员自取问卷也大大提高了问卷回收率。

5) 网络调查

网络调查是利用网络收集原始信息的实施方法，分为 3 种方式：一是在线问卷调查，在网页上呈现问卷，对网页访问者进行调查；二是电子邮件问卷调查，以较为完整的 E-mail 地址清单作为样本框，使用随机抽样的方法发放 E-mail 问卷，然后再对被调查者使用电子邮件催请回答；三是新闻组讨论调查，利用新闻组与客户或潜在客户进行交流和讨论以获得信息的调查方式。

网络调查是目前经常使用的调查方法，成本低、样本采集范围广、时效性好，能成功在短时间得到大量的问卷答案，并且交互性好，能够实现多样化的问卷设计。但同时也有局限性，网络调查是对访问网页者的调查，因此调查对象是不加以限定的，采集样本的人群代表性差，并且问卷的长度也受到网页的限制，网络的安全性也是要考虑的问题。

以上这几种方法属于自填问卷式调查。自填问卷式调查与访谈法相比，保密性强、调查区域广、费用较低、无访谈员误差、效率高，它突破时空限制，在广阔范围内，对众多调查对象同时进行调查，因此经常被用于调查工作中。但自填问卷式调查也有缺点，问卷回收率低、问卷的质量难以控制，由于是要求被调查者自行填写问卷，因此对被调查者的文化水平有一定的要求，并且它只能获得书面的社会信息，而不能了解到被调查者生动、具体的想法。

案例三：

电视机市场调查问卷

姓名：

性别：□男　　　□女

年龄：□ 22 岁以下　　□ 22~30 岁　　□ 31~40 岁　　□ 41~50 岁　　□ 51~60 岁　　□ 60 岁以上

职业：□职员　□工人　□农民　□教师　□公务员　□学生

住址：

电话：

第一部分：您家现在的电视机情况：

一、您家有几台电视机？

□ 0　　□ 1　　□ 2　　□ 3　　□ 更多

二、如有，请问

1. 是什么品牌的电视机？

□ 索尼　□ 夏普　□ 松下　□ 东芝　□ 三洋　□ 日立　□ TCL　□ 创维　□ 康佳

□ 长虹　□ 海信　□ 三星　□ LG　□ 海尔　□ 其他

2. 是什么规格的电视机？

□ 9英寸以下　□ 32英寸　□ 42英寸　□ 47英寸　□ 50英寸　□ 50英寸以上　□ 其他

3. 购买了有多长时间？

□ 刚买　□ 半年　□ 一两年　□ 3~5年　□ 6~10年　□ 10年以上

4. 当时购买出于什么目的？

□ 新婚家电　□ 生活品质提升　□ 乔迁新居　□ 旧电视机无法满足需求　□ 旧电视机损坏无法修复

5. 您对您的电视机哪些方面最满意？

□ 品牌　□ 样式美观　□ 屏幕效果　□ 耗电最少　□ 音质纯正　□ 其他

6. 您最不满意的是哪些方面？

□ 品牌不够拉风　□ 样式不美观、不大方　□ 图像不够清晰

□ 品质没有保障　□ 有杂音　□ 其他

7. 维修方便吗？(6~7这部分内容有必要吗？和设计有关吗？)

□ 很方便　□ 不太方便　□ 很不方便

8. 容易买到零配件吗？

□ 很好买　□ 不太好买　□ 很难买

第二部分：您近一两年是否想购买电视机？ □ 是　□ 否

一、您在购买电视机时，是否考虑电视机的品牌？ □ 是　□ 否

二、您知道的电视机品牌有哪些？

A. 索尼　　B. 夏普　　C. 松下　　D. 东芝　　E. 飞利浦　　F. 日立　　G. TCL　　H. 创维

I. 康佳　　J. 长虹　　K. 海信　　L. 三星　　M. LG　　　N. 海尔　　O. 其他_____

三、如果要购买电视机，请问您首先想到哪些品牌呢？(最多选三个)

1. _____　　原因是：_____

2. _____　　原因是：_____

3. _____　　原因是：_____

四、您购买平板电视机会选择什么样的尺寸？

□ 32英寸以下　□ 32英寸　□ 37~39英寸　□ 40~43英寸　□ 46~48英寸

□ 50~52英寸　□ 55~58英寸　□ 60英寸及以上

五、您如果想买一台电视机的话会考虑哪些因素？

□ 品牌效益　□ 价格经济实惠，性价比高　□ 外观造型要漂亮　□ 质量要有保证

□ 售后服务到位　□ 屏幕尺寸　□ 边框宽窄(画质清晰度，智能)

六、您会购置什么价位的平板电视机？

□ 0~1 000元　□ 1 000~2 000元　□ 2 000~4 000元　□ 4 000~6 000元　□ 6 000~8 000元

□ 8 000~10 000元　□ 10 000元以上

七、您认为电视机的厚度是多少？

　　□ 10mm 以下　　□ 10~50mm　　□ 51~100mm　　□ 100mm 以上

八、您觉得平板电视机具备哪些特点？

　　□造型时尚气派，具有时代感　　□新技术，科技含量高　　□颜色新颖漂亮，具有独特性

　　□耗电小，更加省电　　□品牌好，对产品有信心　　□网络电视

九、您平时用电视机都进行哪几项娱乐活动？

　　□观看有线电视　　□看 DVD 影院　　□接入 PC 看高清电视　　□连接高清游戏机　　□其他

十、如果为您的电视机增加功能您希望是以下哪项？

　　□游戏机功能　　□投影功能　　□语音控制　　□手势控制　　□可以上传照片和视频

　　□智能功能升级　　□视频可切换为 3D　　□可触屏　　□视疲劳提醒功能

　　□社交功能　　□影院级音响效果

十一、您对市售的电视机不满意的地方有哪些？

十二、您认为未来的平板电视机发展趋势是怎样的？

　　□高清网络电视

　　□用户体验模式

　　□体感互动模式

　　□智能家电模式

十三、您家电视背景墙的风格是什么样的？

　　□中式风格　　□现代简约风格　　□欧式奢华风格　　□欧式田园风格　　□欧式简约风格

十四、您家电视机是悬挂在墙上还是立在电视柜上？

　　□悬挂在墙上　　□立在电视柜上　　□其他

十五、您家里谁最爱看电视？

　　□妈妈　　□爸爸　　□孩子　　□姥姥　　□姥爷　　□奶奶　　□爷爷

十六、您是几口之家？

　　□两口　　□三口　　□四口　　□五口及五口以上

十七、请您写出您家庭成员都有谁？

十八、您最喜欢收看电视的方式有哪些？

　　□躺在沙发上看　　□躺在床上看　　□坐在椅子上看　　□坐在地上看　　□进餐时看　　□其他

4.2.4　焦点小组

　　焦点小组是由一个有经验的主持人通过一种看似漫不经心的交谈方式与 6~8 名被调查者进行的访谈活动。调研的现场通常由第一现场和一个观察室组成。主持人负责组织讨论，他可以引出一个话题，让成员展开自由讨论，并且适当地对话题进行控制，在合理的范围内激发座谈会成员的深度参与，同时也可以采用引导提问等不同方式采集信息。小组座谈会的主要目的是通过倾听被调查者对某一特定事物的看法去获取对一些相关问题的深入了解。

　　焦点小组是了解用户需求和看法的一项有效的定性调研方法，通常小组成员控制在 6~8 名，调研时间以 1~2 个小时为宜，要时刻关注被调研者的言行举止，根据实际情况安排休息或者酬劳。在产品研发过程中被广泛应用于用户需求定位、产品功能挖掘、产品造型设计和用户反馈信息收集中。焦点小组的组织是一项比较细致的工作，一个看似轻松的交谈过程其实需要组织考虑诸多可能

影响调研结果的因素，如用户的选取、过程设计及主持技巧等。把调查对象集合到一起进行深度访谈具有以下优点。

(1) 短时间就能实现：与进行多个个别访谈相比，能够在短时间内获得大量的信息。调查费用也比一般的问卷调查要少。

(2) 调查对象的相互作用：由于出席者相互影响，可以扩大对话的范围，深挖话题的内容，是一种能从泛泛的提问中获得具体而详细的回答、适合于演绎假说的调查手法。

(3) 可以观察态度和反应：看、听调查对象的反应，因为他人的影响而发生的态度变化的过程等，都能在现场直接观察到。

(4) 可以得到脑子里的闪念和直觉：可以从无意间的对话中获得意想不到的信息，随着对话的发展，构思越来越丰富。

(5) 容易控制调查对象：例如，将年龄相仿的女性置于相同特征的群体中，可以产生一种安全感，不易出现随便发言、拒绝回答和中途退场的情况。

(6) 调查对象与调查的委托方接触：隔着单面镜的调查也是可能的。小组座谈会若在互联网上实施，时间和场所的限制就没有了，调查费用也节省了，但存在不能观察其反应和态度、不能控制发言、必须花心思来确认调查对象的特征等缺点。

4.2.5　观察法

观察法是指通过观察获得信息的调查方法，不需要向谁提出问题。观察法与之前的访谈调查的不同之处是，观察法主要关注用户的行为本身，并不能知道其动机和原因，如图 4-14 所示。但是行为本身有时候更能说明问题，它是用户对于产品最真实的反映。观察法与访谈法可以相互作为参考，以此判断调研的准确性。

图 4-14　观察法

观察调查包括定量观察调查和定性观察调查两种。而产品设计开发过程中的设计调查更加倾向于定性观察，因为它可以深入客户群体，了解其真实的使用过程。观察者可以以公开或者不公开身份的方式进行观察。不公开身份的观察显然能使观察的准确性有更好的保证，这虽然有悖于传统伦理，但是其观察效果是有目共睹的。

使用观察法收集信息需具备的条件如下：所需信息必须能观察到，或者能从观察到的行为中推断出来；所要观察的行为必须具有重复性或者在某些方面具有可预测性；所要观察的行为必须在相对短的时间内完成。

常见的观察方法有：核对清单法、级别量表法、记叙性描述。观察一般利用眼睛、耳朵等感觉器官去感知观察对象。由于人的感觉器官具有一定的局限性，观察者往往要借助各种现代化的仪器和手段，如照相机、录音机、显微录像机等来辅助观察。

4.2.6　民族志

民族志方法 (Ethnography) 属于解释性的研究方法。其中 Ethno 指"一个民族""一群人"或"一个文化群体"；而 Graphy 指"绘图、画像"，因此，Ethnography 可译为"人类画像"，并且是同一族群人的画像。所以，民族志研究是在描述一个种族或一个团体中人的生活方式，并解析其与文化中的人、事、时、地、物各因素的交互影响过程。研究者需要"长时间参与"或以"一对一的访谈"方式收集数据，重视他们原本的真面目，叙述他们如何行动、如何相互作用、如何建构意义、如何加以诠释等问题。研究的目的在于发现他们的信念、价值、观点和动机等，而且要从团体中的成员观点，来了解这些信念和价值如何发展和改变。

早在 20 世纪初，里弗斯对民族志的初步论述已经有了一定的思考，他说："强化的研究工作，必须对研究的规模有所限定，还必须使研究深化。其最典型的做法是让人类学者在某个社区或 400~500 人的社群中生活一年以上，同时研究他们的生活和文化所有方面。在此社区或社群中，研究者能够对当地的所有人有所认识，能够研究当地生活习俗具体的体察，能够用当地话来进行调查，而超越一般的印象。"

因此，民族志研究与其他研究不同的是重视结构的动态过程的整体分析，是一种研究者与被研究者间的互动性研究，研究者需要实地参与、观察、记录、描述，这有助于了解社会过程的内容及形式。所以有学者认为，综合而言，民族志研究是一项产品，也是一个过程。就产品而言，它是研究的产物；就过程而言，它是在团体中长期的观察，经研究者日复一日地观察人们的生活或与团体成员进行一对一的访谈，研究行为的意图和文化共享团体的互动关系。

民族志研究主要包含以下几方面的内容：①描述具有高层次的细节；②非正式的叙说故事，像一个说书者；③探究角色的文化事件及团体中的行为；④描述每一个人的日常生活；⑤整体的格式是描述的、分析的和解释的；⑥文章中包含问题。

民族志研究作为过程来说是分阶段进行的。多娜尔·卡堡和萨莉·海斯廷斯把民族志研究归纳为四个阶段：第一阶段是确立研究主题及其基本取向。在此，研究者要评估自己对于文化及其表现形式所做的假设；第二阶段是确定所观察的行为的层次和种类；第三阶段是研究者应对其所研究的具体文化现象进行理论化；第四阶段是研究者回头再看看他所运用的整体性的理论框架，用具体的个案来检验它。民族志方法研究资料收集的途径相当丰富。常用的方法有参与观察、无结构性的访问和文件分析等，文件包括会议记录、课表、日记、书信等；其他可用照片、录音（影）带，以记录参与者的语言、交谈、行动和姿态等，如图 4-15 至图 4-17 所示。因此，民族志方法的数据来源包括说、问、视、听、感觉方面的，以收集一般被认为是"主观的""印象的""逸事记录"的数据。马凌诺斯基曾主张民族志的调查必须包容三大类的素材：第一类素材是有关制度和风俗的整貌概观，他通过所谓的"具体证据的统计法"加以研究。研究这一类素材的目的，在于建构一系列的图表，用于使研究者更方便地进入社会中与习俗有关的活动；第二类素材是第一类资料的补充，因为第一类资料局限于对人们认识中的制度、风俗与活动；第三类素材是一系列的民族志说明，以及对被研究社区人们的叙说风格、典型的口语表述、民俗等的说明。马凌诺斯基把这一类东西当作对被研究的"土著"的思维方式的描述。马凌诺斯基强调，这三方面素材的收集，有助于证明文化对活动的影响和个人对规则的操纵，以及这两个不可分割的方面在被研究者思维中的位置。

图 4-15 民族志摄影作品

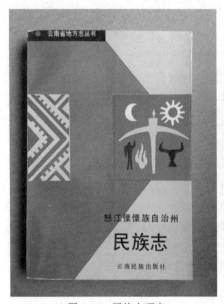

图 4-16 民族志研究

图 4-17 民族志博物馆

民族志方法从某种意义上说是一种质化研究，具有质化研究的许多特征，如详细地记录人、地、物或谈话的内容，而不以统计的程序来处理。研究的主题不是操作变项，或验证假设、回答问题，而是探讨问题在脉络中的复杂性。从研究对象本身的架构来了解行为，外在的因素是次要的，质化研究者多用参与观察、深度访问等方法，先进入研究对象的世界，系统地记录所看到的、所听到的，然后加以分析，并以其他的数据如学校的记事、记录、校刊、照片等来补充，在研究方法上是相当有弹性的。因此，民族志研究对于产品设计调研有着深层次的意义，使研究者探索深层的含义和问题，产品设计的含义更丰富。

4.2.7 角色模型

当设计师要设计一款产品的目的是满足广大用户群时，逻辑上是产品功能尽可能广泛，以容纳更多的用户，然而这种逻辑是有问题的，成功的设计应该是为具有特定需求的特定设计，因为满足所有的需求这个想法是不可能实现的。

用户角色模型是指针对目标群体真实特征的勾勒，是真实用户的综合原型。研究者对产品使用者的目标、行为、观点等进行研究。需要总结归类，了解用户的目标、观点和行为，发现用户间的差异和共同点，将这些要素抽象综合成为一组对典型产品使用者的描述，以辅助产品的决策和设计。创建角色模型是通过分析真正了解用户及用户的世界，使用户生动形象，印象深刻地呈现在研究者面前。

角色模型不是一个人，它是融合了相近同类用户需求的一个代表，是一大类需求相近的用户代表，承载了一类用户体现出的共有特征。要被分为不同的用户模型，必须在目标上有着巨大差异，目标雷同的都应该归为一类，因为产品应该为不同的模型进行不同的设计。

为什么要创建角色模型呢？

1. 专注资源的利用

成功的产品设计通常只针对特定的群体。因此建立角色模型后，才能确定所要针对的人群，团队和企业的资源是有限的，有针对性的设计是保证产品设计成功的其中一个重要因素。当然，不同的设计需求点不同，分化用户按照实际情况来进行。

2. 深入体会用户的生活

建立用户角色模型的过程中必须对该用户群有深入的了解，感同身受地体会用户的生活和用户的心理，真正地理解他们的需求。

3. 促成团队共同的目标

建立角色模型使团队更容易明确设计的目标，即使每个人的想法和个性各不相同，但相同的目标使团队中的每一位成员共同为一个目标而努力。

4. 提高工作效率

建立角色模型使研究者在产品设计开发前就对产品需求进行分析与预期，了解人们真正的需求，前期完整深入的研究可以使后期的产品设计规避一些可能存在的风险。

5. 使设计方向更具指向性

与传统的市场细分不同，用户角色关注的是用户的目标、行为和观点。因此，角色模型更容易定位设计方向，激发设计创意的产生。

用户角色包含一些个人基本信息，例如家庭、工作、生活环境描述，与产品使用相关的具体情境，用户目标或产品使用行为描述等。一般有 3~5 个用户模型，如果太多则说明产品功能过多，需要简化。建立角色模型需要注意以下三个问题。

1) 用户角色与用户细分的区别

用户细分是产品设计调研中常用的方法，通常基于人口统计特征（如性别、年龄、职业、收入）

和消费心理，分析消费者购买产品的行为。与用户细分不同，用户角色更加关注的是用户如何看待、使用产品，如何与产品互动，这是一个动态的过程。在这里，人口属性特征并不是影响用户行为的主要因素，而人物角色关注的是用户的目标、行为和观点，以此能够更好地解读用户需求，以及不同用户群体之间的差异。

2) 用户角色不以平均比例来划分

用户角色并不是以平均比例来划分的，而是"典型用户"。创建人物角色的目的，并不是为了得到一组能精确代表多少比例用户的定性数据，而是通过关注、研究用户的目标与行为模式，帮助研究者识别、聚焦于目标用户群。

3) 用户角色代表的是一群用户

用户角色实际上并不存在，一个新的设计也不可能为一个人而设计，而是透过用户角色的形式为这一类人而设计。所以，用户角色研究的重点是一群用户，他们需要什么、想做什么，通过描述他们的目标和行为特点，帮助研究者分析需求和有目的性地设计产品。

通过对几个用户角色的建立，研究者会发现不同用户的区别。他们的目标、态度、观点以及行为方式都会影响他们与产品的关系，针对他们的需求进行更加有效的设计。因此，用户角色的方法更适合于用户细分型设计，服务于某些人群。例如，冰箱设计依据不同地区人们的需求，可以产生几十种设计。也有一些设计是不需要划分用户角色的，这就是普世设计。普世设计最大限度地包含所有用户的喜好，特点是个性弱但大众都可以接受，例如飞利浦的剃须刀，它以强大的功能性广受全世界用户的喜爱，其成功的一个原因便是没有区分设计。

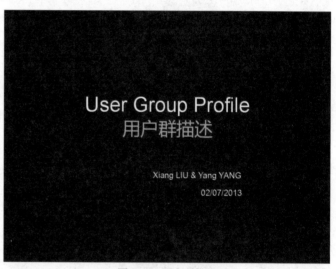

图 4-18　用户群描述

以下是制作的五个用户角色，如图 4-18 至图 4-33 所示。这五组角色代表五种典型人群，从中可以看到他们之间的区别，由于不同的态度、愿望、活动、观点和消费行为，他们所选择的产品及与产品之间的关系也不同。建立用户角色可以根据前期的调研作为基础，以不同的典型来建立用户，这些用户适用于在不同的产品设计中去思考，只是不同的产品相应的用户与产品的关系也是不同的。

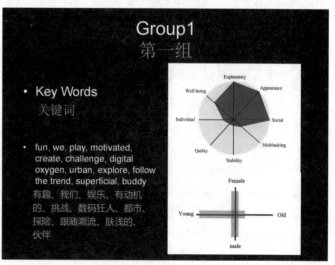

图 4-19　第一组——关键词

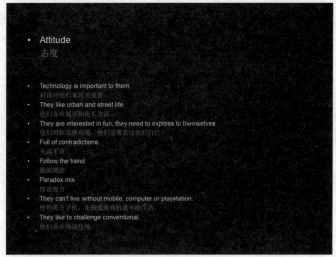

图 4-20　第一组——态度

图 4-21　第一组——愿望、活动、品牌消费

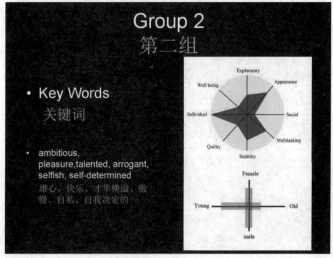

图 4-22　第二组——关键词

- Attitude
- 态度

- They believe they are genius and special.
  他们相信他们是天才的和特殊的.
- They think they can solve all the problems by themselves.
  他们认为自己能解决所有的问题.
- They don't like others to disturb them.
  他们不喜欢别人来打扰他们.
- Always being alone and enjoy it.
  总是享受孤独.
- devote themselves to their interested things.
  把自己投入到他们感兴趣的东西上.
- They don't care about others.
  他们不关心别人.
- They know what they want, not easily influenced by others.
  他们知道他们想要什么，不容易受别人的影响.
- They enjoy spending time on their own.
  他们喜欢花时间在他们自己身上.

图 4-23　第二组——态度

- Aspiration 愿望
- Success 成功
- Better than others 比其他人更好
- Special than others 比其他人更特别

- Activities 活动
- Travel alone 独自旅行
- Go to gym 去健身房

- Brand Consumption 品牌消费
- Topper 上等的
- Stylish 有风格的

图 4-24　第二组——愿望、活动、品牌消费

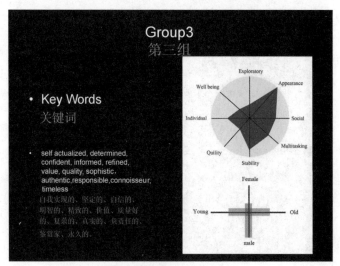

Group3
第三组

- Key Words
  关键词

- self actualized, determined,
  confident, informed, refined,
  value, quality, sophistic,
  authentic,responsible,connoisseur,
  timeless
  自我实现的、坚定的、自信的、
  明智的、精致的、价值、质量好
  的、复杂的、真实的、负责任的、
  鉴赏家、永久的.

图 4-25　第三组——关键词

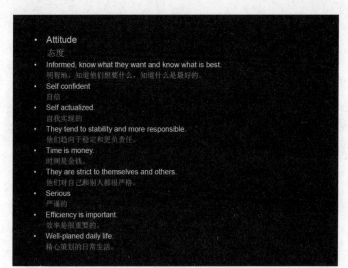

图 4-26 第三组——态度

图 4-27 第三组——愿望、活动、品牌消费

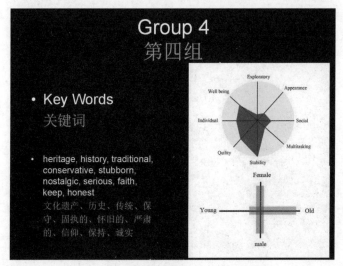

图 4-28 第四组——关键词

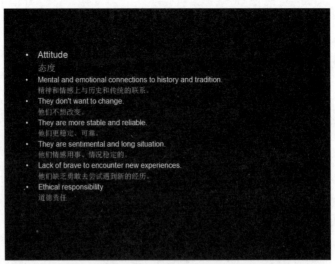

图 4-29　第四组——态度

图 4-30　第四组——愿望、活动、品牌消费

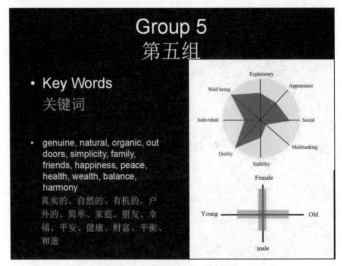

图 4-31　第五组——关键词

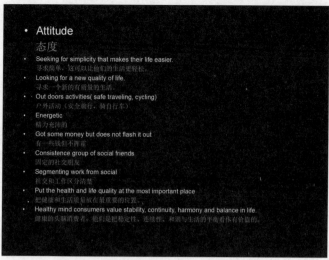

图4-32 第五组——态度

图4-33 第五组——愿望、活动、品牌消费

4.2.8 品牌研究

如果一个企业有很好的品牌和品牌文化，通常消费者看到它的品牌就会立即产生好的印象，好的品牌本身便是最好的广告，这就是品牌的作用。品牌 (Brand) 一词来源于古挪威文字Brandr，意思是烙印，它非常形象地表达了品牌的含义。品牌是品牌商标、名称、包装、价格、历史、个性、声誉、符号、广告风格等方面给受众在心中留下印象的总和。通过不同的品牌定位可以看出不同企业的品牌观念和企业文化，这包含着这个企业的产品品牌观、消费者品牌观和科学品牌观。

美国市场营销协会 (American Marketing Association，AMA) 定义委员会定义：品牌是个名称、名词、符号、象征、设计或其组合，用于识别一个或一群出售的产品或劳务，使之与其他竞争者相区别。根据营销学者菲利普·柯特勒所下的定义："品牌是一种名称、名词、标记、符号或设计，或是它们的组合运用，其目的是借以辨认某个销售者或某群销售者的产品或劳务，并使之同竞争者的产品和劳务区别开来"。按照柯特勒的观点，一个深层品牌有六层含义，分别包括如下内容。

属性：一个品牌首先给人带来特定的属性。

利益：属性需要转换成功能。

价值：品牌还体现了该制造商的某些价值感。

文化：品牌可能附加和象征了一定的文化。

个性：品牌还代表了一定的个性。

使用者：品牌还体现了产品的目标消费者。

由此可见，品牌不只是一个牌号和产品名称，它是产品属性、名称、质量、价格、信誉、形象等的总和，是一种有别于同类产品的个性表征。

随着市场竞争的激烈性，消费者被重视的程度越来越高，消费者将成为品牌的核心元素。消费者品牌观认为品牌存在于消费者心目中，品牌真正意义上的所有权并不属于制造商，而是属于消费者。品牌是一个以消费者为中心的概念，没有消费者，就没有品牌。品牌的价值体现在品牌与消费者的关系之中。美国哈佛大学商学院的大卫·阿诺认为："品牌就是一种类似成见的偏见，成功的品牌是长期、持续地建立产品定位及个性的成果，消费者对它有较高的认同，一旦成为成功的品牌，市场领导地位及高利润自然会随之而来。"

以上研究突出体现了消费者在品牌建设中的地位和作用得到重视，品牌只有被消费者认可才能体现品牌价值，体现出企业品牌建设更加重视市场，让品牌围绕着消费者活动，让消费者时刻和企业品牌保持联系。

4.2.9 市场调查

市场调查是指运用科学的方法，有目的、系统地收集、记录、整理有关市场营销信息和资料，分析市场情况，了解市场的现状及其发展趋势，为市场预测和营销决策提供客观的、正确的资料。

卖场是商品交换顺利进行的条件，是商品流通领域一切商品交换活动的总和。卖场起源于古时人类对固定时段或地点进行交易的场所的称呼，当城市成长并且繁荣起来后，住在城市邻近区域的农夫、工匠、技工们就开始互相交易并且对城市的经济产生贡献。显而易见，最好的交易方式就是在城市中有一个集中的地方，让人们在此提供货物以及买卖服务，方便人们寻找货物及接洽生意。当一个城市的卖场变得庞大而且更开放时，城市的经济活力也相对增长。随着时代的发展，卖场经济越来越受到重视，产品设计调研其中最重要的一部分就是对卖场实地的调查研究。卖场调查的对象一般为消费者、零售商、批发商、生产商。

研究消费者可以分成两个层次进行：第一层包括最常见的类别描述消费者，如人口、社会经济地位、品牌亲和力与产品用途；第二层延伸第一层的概念，包括心理统计特征、代群、消费者的地理区域和区域人口统计特征。研究的范围如下。

人口：是指消费者的年龄、居住的城市或地区、性别、种族和民族、组成家庭等一些基本信息。

社会经济地位：是指消费者的家庭收入、受教育程度、职业以及所在的社区。

品牌亲和力与产品用途：品牌亲和力是指消费者对某种品牌的感情度量，表现为某种品牌的产品出现并与同类产品其他品牌展开竞争时消费者对其持有何种态度。产品用途是指产品应用的方面、范围。品牌亲和力与产品用途都需要考虑产品与消费者行为之间的关系。

心理统计特征：是指消费者的生活方式、个性、态度、观点等行为。

代群：代群又称为代群效应，是指个体出生在特定时期，并成长在历史情景中，这些因素所带来的对个体发展的干扰效应。消费者的行为除了受年龄差异的影响，还受代群差异的影响。代群可成为消费者的特定识别。

地理区域：是指消费者的地理区域，如居住和工作区域等。

区域人口统计特征：是指结合地理区域和人口可能集群成为的可识别组。

对于零售商和批发商等商家来说，了解卖场情况也是必需的，了解人们的需求和卖场的供应使零售商做出相应的举措，以保证以最小的投入来获取最大的利益。而对于生产企业、产品设计开发方来说，前期的卖场调查更是必不可少的一个环节，新产品开发前要了解同种产品的品牌、类型、功能、优劣、差异等方面内容，找到设计的方向和机会，以此减少可能出现的问题。

卖场调查的过程主要分为以下三部分。

1. 调查问卷和调查表

调查问卷和调查表是卖场调查的工具，它们的设计质量直接影响卖场调查的质量。设计时要注意以下几点。

(1) 调查问卷和调查表的设计要与调查主题密切相关，重点突出，避免可有可无的问题。

(2) 调查问卷和调查表中的问题要容易让被调查者接受，避免出现被调查者不愿回答，或令被调查者难堪的问题。

(3) 调查问卷和调查表中的问题次序要条理清楚，顺理成章，符合逻辑顺序，一般可将容易回答的问题放在前面，较难回答的问题放在中间，敏感性问题放在最后；封闭式问题在前，开放式问题在后。

(4) 调查问卷和调查表的内容要简明，尽量使用简单、直接、无偏见的词汇，保证被调查者能在较短的时间内完成调查表。

2. 样本的抽取

调查问卷和调查表设计完成后要发放给调查对象，但是调查对象分布广，怎样获取更有效的问卷和调查表是关键。这需要研究员结合研究的内容，指定相应的抽样方案，可以根据调查的准确程度来确定。卖场调查结果准确度要求越高，抽取样本数量应越多，但调查费用也越高，也可以根据卖场调查结果的用途情况确定适宜的样本数量。一般在卖场调查中，在一个中等以上规模城市进行卖场调查的样本数量，按调查项目的要求不同，可选择 200 ~ 1 000 个样本，样本的抽取可采用统计学中的抽样方法。具体抽样时，要注意对抽取样本的人口特征因素的控制，以保证抽取样本的人口特征分布与调查对象总体的人口特征分布相一致。

3. 数据统计

卖场调查收集的只是大量的原始资料，它必须经过整理、归纳与分析，才能成为卖场研究的材料，而资料的整理、归纳、分析，甚至包括之前的如何收集卖场资料，都是统计分析所要讨论的基本内容。卖场调查所得的数据往往是对部分对象进行调查的结果，这些调研对象是否可以推及全市居民以及怎样推及的问题，而这也正是统计分析所要解决的，即统计推论的问题。

在进行卖场调查之前通常已有目标问题，对问题提出可能性的解决方案，根据问题来设计问卷和调查表，并需要通过卖场调查的结果来验证之前的假设，把预想的设计想法与消费者的意见相对应，找到切实可行的解决方案。通常生产企业在进行卖场调查之前已经对产品进行了初步的分析，发现了可能存在的问题，但是无法判断分析是否准确，这就需要通过卖场调查来验证。而这种假设的检验，也是统计分析的主要内容，它可以将一些研究假设证实或部分证实。如某企业在对近一段时间以来产品销售下降情况的问题分析中，怀疑产品包装、价格、零售商这三个因素有可能是主要原因，但却无法断定，我们可以对部分消费者进行问卷抽样调查，通过对数据的统计分析发现，仅有产品包装与顾客购买行为表现出相应的关系,从而验证产品包装是产品销售下降原因的假设。在此基础上提出改进包装的卖场决策建议,进而,如何改进包装能够刺激消费者购买,同样也可以作为假设通过问卷设计及统计分析去检验。

卖场现象表面是杂乱无章的,呈现出随机性、多种可能性和不确定性,但另一方面却又潜在一定的规律,而要揭示这一规律,对收集的大量卖场经验材料进行统计分析是最重要的方法之一。离开统计分析,完全依靠个人经验、智慧的判断有时也能揭示这一规律,但由于过于主观,不利于做出客观决策。虽然统计分析出错不可避免,但可以控制出错的概率(且一般都控制在5%左右)。因此从根本上讲,它是一种科学的、客观的分析方法,是一般市场研究中所常用的方法。

下面以空气净化产品前期研究为例进行介绍,分别从产品市场分析、品牌、主流价位、功率等方面着手。如图4-34所示为空气净化产品的市场分析。

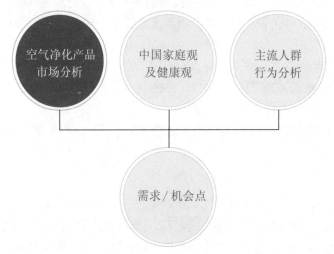

图4-34 空气净化产品市场分析

中国空气净化器市场品牌关注格局变化剧烈。夏普成为品牌关注榜冠军,Allerair关注涨幅最大,如图4-35所示。

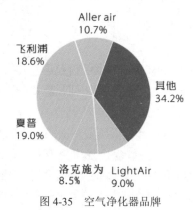

图4-35 空气净化器品牌

5 000元以上的价格段集中了市场36.9%的消费者关注度,是目前空气净化器市场的主流价格段,如图4-36所示。

从空气净化器的不同功率来看,47W依旧集中了市场12.2%的消费者关注度,成为最受消费者关注的产品功率,如图4-37所示。

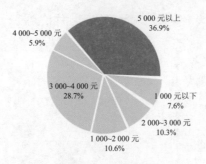

图 4-36　空气净化器市场的主流价格段

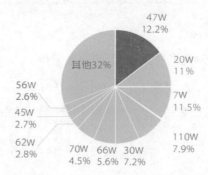

图 4-37　空气净化器的不同功率

消费者的关注重心向高价格段所转移。5 000 元以上价格段涨幅高达 14.8%，如图 4-38 所示。

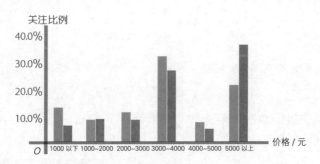

图 4-38　消费者的关注重心转移情况

夏普的市售产品型号数量相对最多，其次是飞利浦。Allerair 和 LightAir 的产品型号数量则相对较少，如图 4-39 所示。

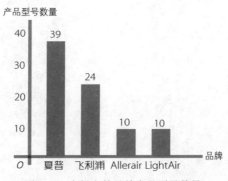

图 4-39　市场上的品牌产品型号数量

Allerair 的市场均价相对最高。其余三家品牌的产品均价则在 5 000 元以下，如图 4-40 所示。

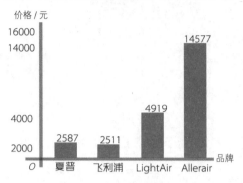

图 4-40　品牌产品价格

如图 4-41 所示为几种空气净化产品竞争品牌的比较分析。

	优势	劣势	机会	威胁
夏普	品牌、技术、产品多样化、产品质量、维护成本	营销能力	市场的需求、行业合作、消费多元化	市场的不确定性、市场的竞争
飞利浦	广告、战略、品牌知名度、造型设计、产品创新	价格、性价比	消费水平的提高、成功转型、市场前景	市场格局变化
松下	品牌价值、技术、理念、产品多样化研发、品牌稳健	市场决策、市场定位、创新能力、研发能力	高端稳定收入人群的增多	新型电企加入、国产产品兴起
LightAir	性价比、产品质量、创新设计、独特技术、低能耗	产品多样化、价格	消费者关注度转移至高端产品	品牌竞争，高端产品的竞争
小米	研产销技术、创新设计、定位人群、市场定位、营销网络、价格	节能性、产品质量、关键环节控制不足	品牌认知度高、企业创新性、行业同盟	品牌的认知性、业内竞争
LG	技术研发、服务、资金、市场经验	品牌认知度、分销渠道	中国市场趋向成熟	日韩品牌的创新竞争、国内品牌的价格竞争

图 4-41　空气净化产品竞争品牌比较分析

图 4-42 中的这款小米空气净化器采用 DC 直流电机，螺旋切风格栅网，格栅保护网，动态平衡处理，后倾离心风扇采用双风机设计，净化能力达到 406m³/h。

图 4-42　小米空气净化器

　　图 4-43 中的这款产品采用按键式设计，是"净化 + 加湿 + 智能"多功能合一的机器。

　　图 4-44 中的这款空气净化器外观时尚，双拱形底部进风口，简洁方便的 LCD 显示面板，并采用新型风扇设计，机体采用 ABS 材质。

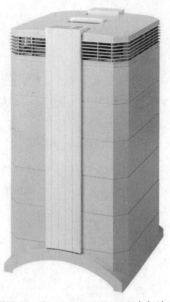

图 4-43　夏普 KC-W380SW-W 空气净化器　　　　图 4-44　IQAir HealthPro 250 空气净化器

　　图 4-45 中的这款产品采用精致时尚的设计风格，自然的琥珀色和木纹饰面的全新精致外观将为传统风格的家居增添一份时尚感。

　　图 4-46 中的这款空气净化器采用稳固型设计，并设有儿童锁，使用更加安全，碗状水箱易清洁，且功率较小耗电量低，产品整体体小质轻，便于移动放置。

图 4-45　LightAir S610 空气净化器　　　　图 4-46　LG LAH-S404G 空气净化器

对比：

小米空气净化器：价格区间集中在 900~1 000 元，三层净化，手机远程控制。

夏普 KC-W380SW-W 空气净化器：价格区间集中在 2 000~4 000 元，净离子群空间净化技术。

IQAir HealthPro 250 空气净化器：价格区间集中在 6 000-13 000 元，六挡调速，HyperHEPA 滤芯。

LightAir S610 空气净化器：价格区间集中在 5 000~7 000 元，净化高效产生健康负离子。

LG LAH-S404G 空气净化器：价格区间集中在 3 000~4 000 元，NPI 纳米除菌科技，气化加湿。

空气净化产品市场分析趋势如下。

显示方面：增加体验方式，有利于提高品牌认知度。

外观趋势：能够适合多个环境的变化使用。

功能：多功能更迎合购买者意愿（香薰功能、音乐功能、智能控制功能等）。

体量：小体积，便于移动。

功能延展：远程控制，大数据分享。

价位：2 000~5 000 元较受欢迎。

在对产品本身和市场进行调研的同时，还需要对使用人群进行调研。图 4-47 是对空气净化器的使用人群分析，主要分为两个大的用户群体：家庭群体和户外群体，再由这两个大群体往下细分用户。

图 4-47　主流人群行为分析

1) 单身期

在问卷调研中，针对单身期（集中在 25 岁以下）的调研，共收回 242 份问卷，其中有购买意向的 44 人；没有购买意向的占到大多数，达到 198 人。如图 4-48 所示为问卷比例。

愿意购买　　　　　　　　　　　　　　无购买意向

18%　　　　　　　　　　　　　　　　82%

图 4-48　对单身期用户的调研

通过对这一群体的跟踪采访，了解到他们普遍对市面上的空气净化产品的净化效果缺乏信心，缺乏购买力以及购买冲动。

2) 新婚期

使用场景如下。

早晨醒来，柔和的光倾泻进卧室。闹钟指向八点，空气净化器定时自动开启，让一夜没有通风的房间逐渐变得像露水般干净清新。洗漱后拿起手机，通过交互友好的 APP 查询当地实时空气质量指数、PM2.5、温度等，让出行有备无患，轻松舒适。散步时，查看亲爱的他所处环境的空气质量，遥控为他打开空气净化器并送上最贴心的问候。空气净化器就像家人一样照顾您的健康，细心陪伴左右。

上班时间，花心思布置自己的小空间，能随时了解周围环境的空气状况，好的环境营造，可以让自己始终保持饱满的工作热情。

下班回家，和爱人共进晚餐，浪漫时刻芳香的气息弥漫在空气中，让人心情大好。睡眠模式的开启，保证睡眠时安静的环境，并辅助睡眠。

3) 满巢期

使用场景如下。

周末，结束一周忙碌的工作，一家三口来到公园享受休闲时光。考虑到空气质量，父母为孩子准备了便携的空气净化产品，使孩子可以在自然环境中尽情玩耍，一家人共享天伦之乐。

孩子是家庭的希望，同时也是中国家庭最关心的群体，孩子正处在身体的发育期，更需要健康绿色的成长环境。

传统的中国家庭大多男主外女主内，忙碌的工作只为了最在乎的那一方空气和最在乎的人，他们需要只属于自己的那份健康和甜蜜。

4) 空巢期

使用场景如下。

◆　霍先生和夫人有个孝顺的女儿，一家三口经常来看望这对老人，当夫妻上班时，通常会把外孙女送到他们家里。他们希望空气清新的同时，孩子的安全也要有保障。

◆　王先生家里有一台空气净化器，但是由于老人家经常找不到遥控器，而且老人家觉得更换和拆卸滤网非常麻烦，因此使用频率也不高。

◆　李太太爱好烹饪，家内虽然有吸油烟机，但是由于是开放式厨房，油烟清理不是很彻底，这给她造成一定的困扰。她的眼睛有些花，一些复杂细小的界面会令她很难以灵活控制。

◆　张大爷的儿女都在外地工作，没有什么时间经常来看望他。老伴已经去世的他养了一只可爱的小猫，但是宠物掉落的毛发成了他的难题。张大爷气管不好，每况愈下的空气质量令他苦不堪言。

根据对主流人群的研究，包括在新婚期的人群、满巢期的人群、空巢期的人群、户外工作者和户外活动者（见图 4-49 至 4-51)。通过深入了解他们的需求点，分析出产品的机会点，如表 4-1 所示。

图 4-49　户外群体

图 4-50　工作在室外

图 4-51　活动在室外

表 4-1　主流人群行为分析

用户群体	需求	机会
新婚期	查看天气状况，热爱运动；工作减压；舒适环境，营造气氛；关注产品外观、注重时尚；人机交互；浪漫氛围	运动随身，数据分享，桌面周边；定时开启；语音播报；社交交流；机器人表情
满巢期	关心孩子、老人健康状况；关注产品品质、性能	个性定制；高端材质；静音；净化效果可视化；物联网（远程控制）；使用习惯记忆
空巢期	情感关怀；操作方式简单明了；产品保养维护便捷；降低老年挫败感	远程操作；智能提醒功能；易拆洗；触控反馈；趣味操作；声控操作
户外工作者	抵御外界环境伤害；具有防护特点，并体现职业特征	防护性；无线充电；新能源；屏幕自动感光调节；高危预警
户外活动者	运动记录；显示海拔、指南针等；GPS 定位；SOS 紧急求救；穿戴方式舒适便捷	高灵敏度；抗损耗；新能源；大数据化运动建议

结合空气净化产品市场分析、中国家庭观及健康观、主流人群行为分析，来寻求需求点或者是机会点，把找到的需求点和机会点归纳为若干设计方向，并进行设计概念的拓展，如图4-52和图4-53所示。

家用产品方向：①不同的操作体验；②多功能的集合；③可知及可见；④大数据分享预测。

桌面产品方向：①新的操作方式；②供电方式的选择；③周边产品的衍生；④云端数据的分享。

便携产品方向：①轻薄的体量；②不同的佩戴方式；③技术的革新应用；④前卫时尚的表达。

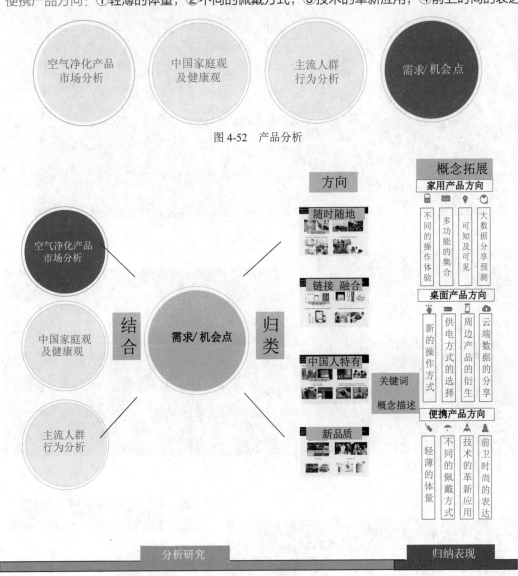

图4-52 产品分析

图4-53 产品分析与归纳

4.2.10 零售研究

零售研究，就是观察消费者是怎样购物的，研究内容如下。

(1) 在选择产品的时候，他们是耐心地浏览和比较产品，还是随意地挑选？

(2) 消费者在商场购物时，产品设计中所使用的各种元素，对消费者选择不同品牌具有多大的影响？

(3) 市场是否考虑到购买者和使用者的关系？例如，就儿童用品而言，使用者是儿童，而购买者往往是他们的长辈。

(4) 消费者认为产品选购十分容易，还是觉得信息量大且混乱，感觉无从下手？

由此可知，零售研究可以获得直接的感受，引发研究者去思考，不仅是产品与用户之间的关系，而是在零售环境场所中整个动态的过程。从零售研究中可以得到最直观的信息，所以属于初级研究的内容。如图 4-54 至图 4-59 所示是宜家家居的零售模式展示。

图 4-54　宜家内销售的产品

图 4-55　宜家的购物导览图

图 4-56　宜家地板上的导览指示

图 4-57　宜家提供人们进行测量的纸质尺子和铅笔

图 4-58　宜家餐厅

图 4-59　《宜家家居指南》

4.2.11　大数据应用法

大数据又称为巨量资料，是指需要新处理模式才能具有更强的决策力、洞察力和流程优化能力的海量、高增长率和多样化的信息资产。"大数据"概念最早由维克托·迈尔－舍恩伯格和肯尼斯·库克耶在编写《大数据时代》中提出，指不用随机分析法（抽样调查）的捷径，而是采用所有数据进行分析处理。大数据有 4V 特点，即 Volume（大量）、Velocity（高速）、Variety（多样）、Value（价值）。

大数据涵盖了人们在大规模数据的基础上可以做的事情，而这些事情在小规模数据的基础上是无法实现的。换句话说，大数据让我们以一种前所未有的方式，通过对海量数据进行分析，获得有巨大价值的产品和服务，或深刻的洞见，最终可以形成具有变革的能力。

大数据的应用已经越来越普遍，2016 年 5 月 24 日，《人民日报》的头版头条报道了"贵州大数据筑巢引凤赢先机"，2014 年开始，贵州省应用大数据吸引人才，到 2015 年贵州已经连续"抢"了两年人才，走在了其他省的前面，"抢"到了不少高精尖科技人才。2016 年 5 月 25 日，《人民日报》又报道了"大数据守护电梯安全"，将大数据应用到救援处理中；2016 年 6 月 1 日，《参考消息》报道了"北京用'大数据'精准服务老人"。可见，大数据的应用已经在各行各业中展开。

1. 大数据分析的内容及作用

获取大数据后，最重要的是对大数据进行分析，只有通过分析才能获取很多智能的、深入的、有价值的信息。那么越来越多的应用涉及大数据，而这些大数据的属性，包括数量、速度、多样性等都呈现了大数据不断增长的复杂性，所以大数据的分析方法在大数据领域就显得尤为重要，是决定最终信息是否有价值的关键性因素。基于如此的认识，大数据分析有以下五个基本方面。

1) 可视化分析

大数据分析的运用者有大数据分析专家，同时还有普通用户，但是他们关于大数据分析最根本的请求就是可视化分析，由于可视化分析可以直观地呈现大数据特性，同时能够非常容易地被读者所接受，就好像看图说话一样简单明了。

2) 数据挖掘算法

大数据分析的理论中心就是数据挖掘算法，各种数据挖掘算法基于不同的数据类型和格式才能更加科学地呈现出数据自身具备的特性。一方面是由于这些被全世界统计学家所公认的各种统计办法（能够称之为真理）才能深化数据内部，挖掘出公认的价值。另一个方面是由于有这些数据挖掘算法才能更快速地处理大数据，假如一个算法得花上好几年才能得出结论，那么大数据的价值也就无从说起了。

3) 预测性分析能力

大数据分析最重要的应用范畴之一就是预测性分析，从大数据中挖掘出特性，通过科学地建立模型，之后就能够通过模型带入新的数据，从而预测将来的数据。

4) 语义引擎

大数据分析普遍应用于网络数据挖掘，可从用户的搜索关键词、标签关键词，或其他输入语义，分析和判别用户需求，从而完成更好的用户体验和广告匹配。

5) 数据质量和数据管理

大数据分析离不开数据质量和数据管理，高质量的数据和有效的数据管理，无论是在学术研讨还是在商业应用领域，都能够保证剖析结果的真实和有价值。大数据剖析的基础就是以上五个方面，当然更加深化大数据分析的话，还有很多更加有特性的、更加深化的、更加专业的大数据分析办法。

早在21世纪初，谷歌公司开始发表若干篇研究大数据应用技术的论文。至今，谷歌指数已经成为诸多行业获取信息的重要渠道，甚至也成为我们做产品设计调研时依赖的信息资源。

众所周知，目前所说的"大数据"不仅指数据本身的规模，也包括采集数据的工具、平台和数据分析系统。大数据研发的目的是发展大数据技术并将其应用到相关领域，通过解决巨量数据处理问题促进其突破性发展。因此，大数据时代带来的挑战不仅体现在如何处理巨量数据从中获取有价值的信息，也体现在如何加强大数据技术研发，抢占时代发展的前沿。

人大经济论坛的大数据专题网对于我国的大数据应用给出了如下的建议。

(1) 建立一套运行机制。大数据建设是一项有序的、动态的、可持续发展的系统工程，必须建立良好的运行机制，以促进建设过程中各个环节的正规有序，实现统合，搞好顶层设计。

(2) 规范一套建设标准。没有标准就没有系统。应建立面向不同主题、覆盖各个领域、不断动态更新的大数据建设标准，为实现各级各类信息系统的网络互连、信息互通、资源共享奠定基础。

(3) 搭建一个共享平台。数据只有不断流动和充分共享，才有生命力。应在各专用数据库建设的基础上，通过数据集成，实现各级各类指挥信息系统的数据交换和数据共享。

(4) 培养一支专业队伍。大数据建设的每个环节都需要依靠专业人员完成，因此，必须培养和造就一支懂指挥、懂技术、懂管理的大数据建设专业队伍。

大数据时代的到来，认同这一判断的人越来越多，利用大数据技术的行业迅速发展，人大经济论坛的大数据专题网认为其巨大的作用如下。

1) 变革价值的力量

未来10年，决定中国是不是有大智慧的核心意义标准，就是国民幸福。一体现在民生上，通过大数据让有意义的事变得澄明，看我们在人与人的关系上，做得是否比以前更有意义；二体现在生态上，通过大数据让有意义的事变得澄明，看我们在人与自然的关系上，做得是否比以前更有意义。总之，让我们从前10年的意义混沌时代，进入未来10年的意义澄明时代。

2) 变革经济的力量

生产者是有价值的，消费者是价值的意义所在。有意义的才有价值，消费者不认同的，就卖不出去，就实现不了价值；只有消费者认同的，才卖得出去，才能实现价值。大数据帮助我们从消费者这个源头识别意义，从而帮助生产者实现价值。这就是启动内需的原理。

3) 变革组织的力量

随着具有语义网特征的数据基础设施和数据资源发展起来，组织的变革就越来越显得不可避免。大数据将推动网络结构产生无组织的组织力量。最先反映这种结构特点的，是各种各样去中心化的Web 2.0应用，如RSS、维基、博客等。

由此可见，大数据的巨大作用使其成为时代的变革力量，大数据之所以成为时代的变革力量，在于它通过追求意义而实现价值。

2. 大数据分析应用案例

从全球的范围来看，如今，应用大数据的成功案例已经在各行各业展开。如下几个领域为人大经济论坛的大数据专题网提供。

1) 大数据应用案例——零售业

"我们的某个客户，是一家领先的时尚品牌零售商，通过当地的百货商店、网络及其邮购目录业务为客户提供服务。公司希望向客户提供差异化服务，如何定位公司的差异化，他们通过从 Twitter 和 Facebook 上收集社交信息，更深入地理解化妆品的营销模式，随后他们认识到必须保留两类有价值的客户：高消费者和高影响者。希望通过接受免费化妆服务，让用户进行口碑宣传，这是交易数据与交互数据的完美结合，为业务挑战提供了解决方案。"Informatica 的技术帮助这家零售商用社交平台上的数据充实了客户主数据，使其业务服务更具有目标性。

零售企业也监控客户的店内走动情况以及与商品的互动，然后将这些数据与交易记录相结合来展开分析，从而在销售哪些商品、如何摆放货品以及何时调整售价上给出意见。此类方法已经帮助某领先零售企业减少了 17% 的存货，同时在保持市场份额的前提下，增加了高利润率自有品牌商品的比例。

2) 大数据应用案例——医疗行业

塞顿医疗保健是采用 IBM 最新沃森技术医疗保健内容分析预测的首个客户。该技术允许企业找到大量与病人相关的临床医疗信息，通过大数据处理，更好地分析病人的信息。

在加拿大多伦多的一家医院，针对早产婴儿，每秒有超过 3 000 次的数据读取。通过这些数据分析，医院能够提前知道哪些早产儿出现问题并且有针对性地采取措施，避免早产婴儿天折。

大数据让更多的创业者更方便地开发产品，比如，通过社交网络来收集数据的健康类 APP。也许未来数年后，它们收集的数据能让医生给你的诊断变得更为精确，比如，不是通用的成人每日三次、一次一片，而是检测到你的血液中药剂已经代谢完成会自动提醒你再次服药。

3) 大数据应用案例——能源行业

智能电网在欧洲已经做到了终端，也就是所谓的智能电表。在德国，为了鼓励利用太阳能，会在家庭安装太阳能，除了卖电给你，当你的太阳能有多余电的时候还可以买回来。通过电网收集每隔 5 分钟或 10 分钟收集一次数据，收集来的这些数据可以用来预测客户的用电习惯等，从而推断出在未来的 2~3 个月时间内，整个电网大概需要多少电。有了这个预测后，就可以向发电或者供电企业购买一定数量的电。因为电有点像期货一样，如果提前买就比较便宜，买现货就比较贵。通过这个预测后，可以降低采购成本。

维斯塔斯风力系统，依靠的是 BigInsights 软件和 IBM 超级计算机，然后对气象数据进行分析，找出安装风力涡轮机和整个风电场最佳的地点。利用大数据，以往需要数周的分析工作，现在仅需要不足 1 小时即可完成。

4) 大数据应用案例——通信行业

XO 通信通过使用 IBM SPSS 预测分析软件，客户流失率减少了将近一半。XO 现在可以预测客户的行为，发现行为趋势，并找出存在缺陷的环节，从而帮助公司及时采取措施，保留客户。此外，IBM 新的 Netezza 网络分析加速器，将通过提供单个端到端网络、服务、客户分析视图的可扩展平台，帮助通信企业制定更科学、合理的决策。

电信业者透过数以千万计的客户资料，能分析出多种使用者的行为和趋势，卖给需要的企业，这是全新的资料经济。

中国移动通过大数据分析，对企业运营的全业务进行针对性的监控、预警、跟踪。系统在第一时间自动捕捉市场变化，再以最快捷的方式推送给指定负责人，使其在最短时间内获知市场行情。

NTT docomo 把手机位置信息和互联网上的信息结合起来，为顾客提供附近的餐饮店信息，接近末班车时间时，提供末班车信息服务。

这些案例充分说明了产品设计调研也将大数据应用作为一种调研方法纳入调研活动中，同时，将不得不重视大数据对产品设计行业带来的巨大影响与变化。

4.3 撰写调研报告

所谓调研报告，就是对某一情况、事件或问题，经过对其客观实际情况进行实际的调查了解，将调查了解的全部情况和材料进行研究，揭示其内在本质，寻找出规律性，总结经验，最后以书面形式展示出来。研究报告主要包括两个部分：一是调查情况，二是分析研究。调查情况是真实地进行调查，准确地反映客观事实，按事物本来面目来反映，尽可能多地收集一手资料。分析研究是在掌握客观事实的基础上，透过现象解释事物的本质和规律。

4.3.1 调研报告的写法

经过前期的调研，研究者已经得到了许多的信息和资料，通常在这个阶段需要做的就是撰写调研报告，因为只有总结和分析，调研的成果才能做到提升，洞察到调研的问题所在。撰写调查报告是产品设计调研后期的一项工作内容，调研工作的成果将体现在最后的调查报告中，调查报告将提交企业决策者，作为企业制订市场营销策略的依据。

在产品设计调研中，撰写调研报告可以说是对前面所有的调研、调查工作的总结和归纳，是整个调研工作的书面的最终展现。对于从事产品设计的人员来说，不仅要能够深入掌握各种调研方法，也要有能力把收集到的信息和资料进行整合。通过前期对主流人群的需求点调研，分析出产品的机会点，进而得出设计关键词。设计关键词即产品设计所围绕的概念和目标，如图 4-60 所示。

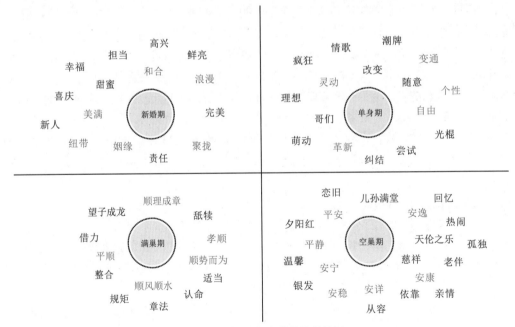

图 4-60 调研后得出的设计关键词

调研报告要按规范的格式撰写。因此，如何写好调研报告，需要注意以下几点。

(1) 写好调研报告必须掌握丰富、符合实际的材料，这是形成调研报告的基础。

材料的来源有两个方面：一是深入实地获取一手资料，例如参加展览、参观公司、参与活动等，需要研究者亲自参与到调查中去，这是初级研究的内容；二是来源于书籍、杂志、期刊、互联网等，收集别人的工作不仅能扩大信息量，并进行对比、评价和取舍，这属于二级研究。最后在初级研究和二级研究的基础上，发展自己的观点，这是三级研究。

(2) 调研报告要有重点。对于获得大量的直接间接资料，要筛选出最典型、最能说明问题的材料，对其进行分析，从中找到本质和内在规律，得出结论。往往研究者会感到收集资料并不难，但是做出取舍却是不容易的事。

(3) 调研报告要用词准确、精练。

调研报告是一种起到说明作用的书面形式，它最重要的目的是让读者顺利地理解调研报告的内容，所以尽量用简单的方式阐述和表达，把调研报告的发展起因、过程、问题、趋势和影响总结清楚。

(4) 调研报告表达要逻辑严谨、条理清楚，观点要鲜明，有理有据。

调研报告中的论据和论点要有严密的逻辑关系，论据不只是列举事例，讲故事，逻辑关系是指论据和观点之间内在的必然联系。

调查报告的写法及格式，分为前言、主体、总结三个部分。

1. 前言

前言需要表述的内容有：调查的起因或目的、时间和地点、对象或范围、经过与方法、调查对象的历史背景、大致发展经过、现实状况、突出问题，或直接概括出调查的结果，如肯定做法、指出问题、提示影响、说明中心内容等。前言起到画龙点睛的作用，要精练概括，直切主题。

2. 主体

主体是调查报告最主要的部分，这部分详述调查研究的基本情况、做法、经验，以及分析调查研究所得材料中得出的各种具体认识、观点和基本结论。

3. 总结

结尾可以提出解决问题的方法、对策或下一步改进工作的建议；或总结全文的主要观点，进一步深化主题；或提出问题，引发人们的进一步思考；或展望前景，发出鼓舞和号召。

关于设计调研，有很多书籍可以作为工具书帮助设计人员进行调研工作，如图 4-61 所示。

图 4-61　推荐图书

4.3.2 注释和引用

注释和引用是撰写学术论文与报告时，引用参考的文献、资料、数据等，以表达自己的思想。在学术写作中承认引用别人的观点是非常重要的，而且这些经过深思熟虑后引用的文献将丰富和加强你的观点，通过引用别人的观点使自己的工作更加有说服力。那么应该怎样正确地使用引用呢？参考文献和引用的格式有一定的规范，而目前运用较为普遍的是哈佛注释体系 / 哈佛引用，如图 4-62 所示。

Bibliography

Ackerman, Dianne (1996) *A Natural History of the Senses*, Pheonix, London

Altshuler, Bruce (2000) 'Instructions for a World of Stickiness: The Early Conceptual Work of Yoko Ono', in Alexandra Munroe and John Hendricks (eds.) (2000) *YES Yoko Ono*, Japan Society, New York & Harry N. Abrams, Inc., Publishers, pp.10-37

Arnheim, Rudolf (1972) *Radio: An Art of Sound*, Da Capo Press, New York

ARS Electronica '99 (2000) *Sound Drifting: I Silenzi Parlano Tra Loro*, Triton Vertag, Austria

Briers, David (1999) *'Acoustic Shadows'*, in Art & Design, v.9, Sept/Oct, 1994, pp.62-7

Bryars, Gavin (1995) *'A Man in a Room Gambling'*, in Parkett, no.43, 1995, p.52-61

Cage, John (1962) *John Cage*, CF Peters, Frankfurt

Cage, John (1973) *Silence*, The Pitman Press, Bath

Carbanne, Pierre (1971) *Dialogues With Marcel Duchamp*, Thames & Hudson, London

Culler, Jonathon (1976) *Saussure*, Fontana/Collins, Great Britain

Eno, Brian (1996) *A Year With Swollen Appendices*, Faber & Faber, London

Esyenck, Michael W. (1994) *Principles of Cognitive Psychology*, Lawrence Erlbaum Associates Ltd, Hove, UK

Fisher, John (1999) 'Sounding Out', in *Journal of Aesthetic Education*, v.33, Fall 1999, pp.26-42

Fisher, John (1998) 'What The Hills Are Alive With: In Defence of the Sounds of Nature', in *The Journal of Aesthetics and Art Criticism*, v.56, No.2, Spring 1998, pp.167-79

Fontana, Bill (1987) 'The Relocation of Ambient Sound: Urban Sound Sculpture', in *Leonardo*, v.20, no.2, 1987, pp.143-7

Furlong, William (1994) 'Sound In Recent Art', in Art & Design, v.9Sept/Oct, 1994, pp.62-7

Goldberg, Rose Lee (1995) *Performance Art*, Thames and Hudson, London

图 4-62　注释和引用的格式

注释和引用的格式因为不同形式的资料而有所不同，具体表现如下。

1) 书籍 (独立作者)

作者，(年份) 标题，出版社，城市

Hopkins, David (2000) After Modern Art: 1945-2000, Oxford University Press, Oxford

2) 一本书里多个作者的论文

作者，(年份) 论文的标题，编者的名字 (出版的年份) 书籍的名字，出版社，城市，页码

Kosuth, Joseph (1969) ‘Art after Philosophy’, in Charles Harrison and Paul Wood (eds.) (1999) Art in Theory 1900-1990: A Critical Anthology, Blackwell, Oxford, pp.840-850

3) 在期刊、杂志、报纸中的文章

作者，(年份) 论文或文章的标题，期刊的名称，卷或版本号，页码

Judah, Hettie (2009) ‘Styling Over Substance’, in Art Review, Issue 37 2009, p.40

4) 网页

作者或来源（年份）文档或网页的标题（媒体的类型）. 可获得在：网址或 URL（访问日期）

5) 数据库中的期刊文章

作者，（年份）文章标题，期刊的全称（媒体的类型），卷或版本号，页码 . 可获得在：数据库名称（访问日期）

Becker, Annette (2002) 'The Avant-Garde, Madness and the Great War' in Journal of Contemporary History [e-journal] Vol. 35, No. 1. Available through: JSTOR e-database [Accessed 12 February 2010]

6) 在网上得到的杂志和期刊的文章

作者，（年份）文章标题，期刊的全称，（在线）. 可获得在：网址（访问日期）

7) 在线报纸文章

作者，（年份）文档或页面的标题，报纸的名称（媒体的类型）. 可获得在：网址（访问日期）

8) 引用

""（作者，年份，页码）

'Proximity to the material fabric of the city and the desire to incorporate and transform it, is a characteristic shared by many designers in London.'　(Dexter, 2001, p.81)

9) 在线引用

""（作者，年份，网址）

'Clearly radio is no longer the domain of comfy chair, fire-in-the-hearth quaintness. The parameters have melted.'　(Rimbaud, 1995, www.thewire.co.uk)

在产品设计调研的过程中，研究者会遇到许多问题和一些瓶颈，阻碍了调研的进一步发展，有一些需要足够的时间去反思并及时调整，有些是可以提前做好相关工作的，根据以往调研的经验，在这里为读者列举一些关于如何更好地进行调研所要做到的事情。

(1) 尽早地开始研究工作，研究与实践应同时进行，相互补充、相互影响。

(2) 研究的开始不要想到更大的任务或工作以及结果，而是关注眼前，一点一点地完成正在做的事情。

(3) 在二级研究中要有选择性地阅读，选择有权威性的资料和官方资料，在运用网络资料时注意它的真实性（百度百科、百科维基等类型的网站中的资料不可以引用，因为它们可以修改）。

(4) 记住你研究的目的，这关系到你所寻找什么样的资料，有目的地进行资料的收集。

(5) 在阅读资料时应随时做好记录或笔记，以免以后运用时有所遗漏。

(6) 对阅读记录和笔记做好整理，找到适合自己的资料管理系统。

(7) 阅读资料后，要善于把相关的资料进行链接和联系。

(8) 在研究过程中，随时记录自己产生的想法，不论想法的大小如何。

(9) 在研究过程中，要不断地问自己问题，并尝试去回答。

(10) 从一个微小的角度思考问题要比以庞大的角度思考这个问题更好。

(11) 论述时避免主观性，以尽量客观研究的形式进行表达。

(12) 论述时避免空洞和流于表面的言语，而是要有内容、有含量、有自己的独特观点。

(13) 要懂得利用研究和证据来支撑自己的观点。

(14) 对研究工作要做好时间规划和阶段要求，有计划有阶段任务地做好每一步。

(15) 写作和汇报的时间通常比预计的时间要长，因此要预留出适当的时间。

(16) 不要拖延或推迟，着手开始行动，高效投入才能得到想要的研究成果。

(17) 要时刻清楚自己想要的研究成果，在研究过程中要不停地回顾以避免研究方向走偏。

(18) 在学术论文中，要定义你将会在论述中用到的术语和情景，使读者更加清晰地理解你研究的内容与背景。

《第5章》
产品设计规划的
具体内容与调控手段

⌄

产品设计规划是运用科学合理的方法，依据现有的条件与调研结果，整体制订产品开发计划、任务、目标，考虑到产品的生命周期和外在动态形势，制订出长远的产品设计规划。产品设计规划贯穿整个产品的开发过程，各个方面的工作相互联系、相互影响，共同完成最终目标，是成功开发新产品的关键。产品设计规划通过调查研究，在了解市场、了解客户需求、了解竞争对手、了解外在机会与风险以及市场和技术发展态势的基础上，根据公司自身的情况和发展方向，制订出可以把握市场机会，满足消费者需要的产品的远景目标以及实施该远景目标的战略、战术的过程。

因此，产品设计规划的内容和调控手段应包括产品设计战略规划、产品设计规划的系统性、产品的生命周期规划、产品设计控制过程规划、产品成本规划等内容。

5.1　制定产品设计战略

5.1.1　什么是产品设计战略

战略(Strategy)一词，原指军事上的计划，后来引申到专为某项行动或目标所拟定的行为方式，它最早来源于希腊文Strategos，是指统帅军队的将领。它就如同一个道路地图或一个组织从现行的事务状态到一个未来想达到的状态的指导方针。

对企业来讲，战略是企业根据环境与竞争的动势而制订的计划，引导企业经营的方向，合理地分配资源，以达成企业长期发展的一种方式。阐明正确有效的战略将使公司的长期利润达到最佳化，并提高企业的竞争力与生存力。因此，企业在外在竞争激烈的环境下，结合自身的优势，研究出适合企业的谋略方针，发展适应自己可以应对外界挑战的路径和方向。

目前，企业竞争愈加激烈，怎样长期发展，加强企业竞争力与生命力是共同的课题，由此对于产品设计战略的研究也越来越重视。现今产业环境中，越来越重视创新能力，重大的创新可能会影响企业成败甚至是产业兴衰，而如何维持企业的创新能力并展现创新构想的质量，进而成功进入市场，皆取决于良好适当的产品设计战略的引导。在功能上，设计与企业战略相辅相成，且可视为企业战略重点之一。运用正确的战略，设计方能准确规范产品程序与提升竞争力，以应对市场的诡谲多变、消费者喜新厌旧的需求心态与科技不断更新化等环境因素变化，并且厘清产品间的差异化。

产品设计战略的目的在于用"设计语言",挖掘相关设计主题的"内层结构"或"核心",以表现独特的公司意象;建立能应用到所有产品系列的造型控制要素;建立公司竞争力上有力的技能视觉的基准,并能适应世界市场需求与技术发展的互动,具有适应技术、法规改变及市场压力等弹性与开放。

对于设计战略的定义,将其整理如表 5-1 所示。

表 5-1　设计战略的定义

学者	设计战略的定义
Mozota(1990)	是设计师将由管理所获取的资源予以分配,以塑造公司定位的可视化
Kasten(1996)	是经由产品设计以获得竞争优势的一系列行动计划,而此战略由设计群使用
Olson et al.(1998)	是有效能地分配与协调设计资源和行动以完成公司的目标
陈文印 (1996)	是公司设计人员创新产品构想的指针,帮助设计产品 / 产品系列、服务与沟通传达,以适应未来市场、技术、发展与应用等环境趋势
何明泉 (1997)	透过外部环境 (市场及产业) 与组织内部 (气氛、资源、构架及程序等) 的分析,对在新产品开发设计决策的过程中所提出一系列明确的设计工作指导方针
张文智 (1998)	是设计行动展开之前,对特定产品的所处环境仔细地分析比较后,所决定采取的方案
李新富 (1999)	可视为针对企业战略而产生的设计理论与做法,以反映未来市场营销与技术进步的动向。是企业适应市场、技术等环境趋势,决定设计目标与方向,评估设计因素与资源所做的综合应用,旨在作为企业设计人员或设计事务可依循的指针,同时也用于协助产品、传达、环境、识别设计的规范准则
刘国余 (2004)	是在设计活动开展前,企业为确保设计成功而对特定产品所处的环境进行评估分析后,对设计活动所提出的一系列明确的指导方针
邱文顺 (2007)	设计战略为处理设计有关问题的方法,从设计工作者层面、产品层面以及新产品开发等层面提出设计战略定义,探讨设计战略生成与功用的目的

根据以上国内外对设计战略的定义,设计战略定义分为资源的分配与协调、品牌与公司定位、创新产品构想的指针、结合内外部环境而制订的工作方针等方面。由此可以看出设计战略的内容以及意义。

产品设计战略对于企业有着重要的实际意义,是企业应对复杂激烈的市场竞争的指导方针,是企业经营活动的核心,所有的工作都围绕着这个核心来开展。目前,新产品的更迭不断加速,企业之间的竞争活动也更加频繁,那么企业的长期稳定的发展是需要重视的问题,需要制定具有针对性的战略方针,因此战略管理是目前企业重视的管理方式。一般来说,战略管理包括战略制定、战略实施、战略评价三个阶段。战略制定分析环境企业的内外部环境并且明确企业的目标;战略实施是关键,切实地进行贯彻实施才能使计划实现;战略评价使企业及时发现不良因素并及时避免以及抓住经营机遇。

5.1.2　产品设计战略的分类

1. 成本驱动战略

成本驱动战略是指企业倾向于用最低的成本来提高利润,使企业在竞争中占有优势地位,以此为目标而进行的一系列方针。技术驱动战略创造出的设计定位类似于研发。它的设计也会受到产品设计的驱动,而且得到用户界面与环境设计的支持。成本驱动战略需要设计师在产品设计过程中考虑到降低成本的方法,例如采用新技术、新材料或是创新设计。

2. 产品结构优化战略

产品结构优化战略，是指企业根据市场的需求和经营战略目标，对其生产和经营的全部产品类别、品种和档次等，所构成的有机整体的优化。产品结构优化战略包括如下内容。

1) 产品种类结构优化战略

当企业原有的产品结构不再能使企业获得利益，往往采取增加产品大类的战略，改变单一经营的形式，实行多角度的经营。

2) 产品品种结构优化战略

产品品种结构优化战略包括新老产品、老产品与老产品、新产品之间特殊型产品结构的优化。产品单一者属于单一型结构，产品种类、规格多的属于多品种结构。各个企业各类产品的特色和比重各有不同，又构成不同的品种结构。

3) 产品技术结构优化战略

产品技术水平可分为高级技术、中级技术、低级技术。企业的产品如果高级技术水平的比重大，或全部是高级技术水平的产品，即属于高级技术产品结构；如果中间技术水平产品比重大或全部是中间技术产品，则属于中级技术产品结构等。目前的竞争局势要求注重发展高新技术产品。

方向结构优化是指企业各种不同生产方向产品结构的优化。从产品在投资、劳动力和技术上要求的不同，可分为技术密集型、劳动密集型和资金密集型等产品结构。方向结构优化是倾向于技术密集型与资金密集型的优化。

3. 产品质量战略

产品质量是企业提高竞争能力的重要支柱。企业应以质量开拓市场、占领市场，因此产品质量战略是产品设计战略中的一个重要组成部分。产品质量战略是指对企业质量目标、质量标准、质量控制、质量体系等进行谋划，包括质量管理战略和质量控制战略。

1) 质量管理战略

质量目标是企业根据总体经营战略的要求，规定在一定时期内在质量方面所要达到的成果，包括中、长期目标。按照预期成果的特点，质量目标可以划分为突破性目标和控制性目标。

突破性目标，是指企业为打破和超过现有的产品质量水平而制订的质量战略目标。企业在下列情况下，可制订突破性目标：希望获得并保持本企业在产品质量上的领先地位；为了抓住有利的市场机会，使企业在质量上战胜竞争对手，以获得较高的盈利；产品销售出现明显危机，顾客投诉及退货情况严重，企业形象受损；通过改进某种质量可提高生产率，减少废品损失、返修损失和检验费用。

控制性目标，是指企业为了使生产质量保持现有水平，或者为使实现不久的突破性目标得以稳定而制订的质量战略目标。企业在下列情况下可制订和执行控制性目标：目前企业的产品已具有较强竞争力，销售情况良好；搞清实现质量突破是不经济的，投入的费用不能得到回收；当实行质量突破的时机和条件尚不成熟时，实行控制目标可以减少不必要的风险。

2) 质量控制战略

质量控制是企业为实现有关质量目标而进行的调节管理过程。质量控制贯穿于企业生产经营活动的全过程，包括以下五项基本的工作：产品设计质量控制；进厂原材料质量控制；生产过程质量控制；销售和使用过程中的质量控制；围绕企业质量控制中的关键课题开展专题研究。对上述各项工程中涉及全局的长远的重大问题进行谋划，就是质量控制战略。

4. 品牌战略

品牌 (Brand) 一词来源于古挪威文字 Brandr，意思是烙印。人们用这种方式标记在自己的工具和牧畜上，以表示所有权，与他人的财务区分开。随着社会的发展，"品牌"一词的含义在不断地丰富与延伸，品牌即产品（品类）铭牌，是用于识别产品（品类）或是服务的标识、形象等。更深层次的表达是：能够做到口口相传的牌子才称得上品牌，品牌是一个建立信赖关系的过程（路长全《切割营销》)。

现在品牌的概念已被广泛用于设计战略中。从品牌的概念可以看出品牌战略是设计差异化战略，它的目标是使企业的产品在设计、性能、工艺、款式、顾客服务、品牌等方面，与其他企业的产品有差异性和独特性。品牌战略中最重要的内容是品牌定位和市场份额。品牌形象对于企业来说非常重要，它不仅是产品的外在造型与功能上的标志，还蕴含了企业内部的文化与理念，一个长期稳定发展的企业，它的品牌形象大多给人印象深刻，所以一个好的品牌同时也是一个好的广告。市场战略要根据形势的变化生成新的市场定位，使企业的品牌形象更加促进产品的经营，保持企业的领先地位。

图 5-1　无印良品的产品

MUJI 无印良品的产品类别以日常用品为主（见图 5-1）。产品注重纯朴、简洁、环保、以人为本等理念，在包装与产品设计上皆无品牌标志。无印良品致力于提倡简约、自然、富有质感的现代生活哲学，提供给消费者简约、自然、基本，且品质优良、价格合理的生活相关商品，不浪费制作材料并注重商品环保问题，以持续不断地提供给消费者具有生活质感且丰富的产品选择为职责。

"为大多数人创造更加美好的日常生活"是宜家公司自创立以来一直努力的方向（见图 5-2和图 5-3）。在品牌策略上，宜家极少投资于广告，而宜家品牌的真正核心是让顾客成为品牌传播者，而非硬性的广告宣传。宜家在品牌策略上有两大方法：一是邮寄宜家目录册，二是采用一体化品牌模式。采用一体化品牌模式的品牌，即拥有品牌、设计及销售渠道。

图 5-2　宜家设计 1

图 5-3　宜家设计 2

因此，对于产品设计的研究其中一个重要的部分是品牌研究，特别是经久不衰的设计，一般都有其产品背后的品牌文化作为强大的支撑。品牌的影响力在长期的产品市场竞争中显现得更加明显，关系到企业的持续性发展。

5. 跨文化设计战略

当今，国际交流日益频繁，各国家各民族的文化也在交流中互相影响，但由于文化背景的差异、语言的不同、思维方式的不同等原因，在交流中会出现文化误读的现象，而跨文化设计可以使本土的文化以其他文化地区可以理解和接受的形式呈现出来。

根据阿德勒的观点，跨文化设计模式主要有如下三种。

1) 互相依存式

互相依存式，即同时保留本土和东道国文化的跨文化设计，体现出两种设计文化互相依存，相互协调，相互补充。

2) 灌输占领式

灌输占领式，即将本土设计文化强行注入，较少甚至没有考虑到东道国设计文化，这种模式一般适用于双方议价权利对比悬殊，并且东道国能对本土设计文化完全接受的情况下采用。

3) 融合创新式

融合创新式，即本土设计文化与东道国设计文化进行有效的整合，通过各种方式促进不同的设计文化相互适应和融合，从而构建一种新型的设计文化。

以上三种跨文化设计模式各有其适合的背景，在进行跨文化设计时，应充分了解本土设计文化和国外文化设计的特质，选择适合的跨文化设计模式。

跨文化设计对于国际企业的发展尤为重要，跨文化设计战略也成为设计战略的一项内容。跨文化设计战略需要设计者深入了解文化内涵，加强多种文化的沟通且找到差异，并寻找到使文化设计本土化的方式，做好文化的整合设计。

案例

通用汽车公司的产品设计战略与战略重组

通用汽车公司从1908年开始创立，经历过破产重组，后重新发展起来。2010年初，通用汽车公开表示今年自2005年以来实现扭亏为盈，并在6月之前偿还所欠美国财政部和加拿大政府的数十亿美元的贷款。通用汽车公司所采取的产品设计战略是"汽车平台"。所谓"汽车平台"，就是利用基本相同或相似的底盘和车身结构，同时承载不同车型的开发及生产制造，产生出外观造型、功能不尽相同的产品。

通用汽车公司前总裁斯隆曾经提出"不同的钱包、不同的目标、不同的车型"战略，这一战略当时为通用汽车超越福特成为最强大的汽车生产制造商奠定了基础。但随着时间的推移，车型不断增加，到2005年，通用汽车在全球已经拥有八大品牌、89个型号。

通用汽车公司旗下的轿车和卡车品牌包括：别克、凯迪拉克、雪佛兰、GMC、霍顿、悍马、欧宝、庞蒂克、Saab萨博、土星，在一些国家，通用汽车的销售网络同时还销售通用大宇、五十铃、富士（速波）和铃木制造的汽车产品，如图5-4所示。

这样的品牌产品体系无疑更多满足了细分市场的需求。同时通过兼并、收购、整合等方式，通用汽车公司成为最庞大的汽车公司。但是另一方面，就品牌而言，这一庞大的产品体系也开始导致生产营销成本的增加。与此同时，作为跨国公司的通用汽车公司并没有对品牌和产品进行强有力的整合。简单说来，重组前的通用汽车公司在全球范围内还是一个由各自为战的全球子公司组成的松散联盟。

而同一时间，与通用汽车相比较，丰田只有3个品牌、26个型号。因此，业界认为品牌产品体系庞杂是金融危机中导致通用汽车公司破产重组的主要原因之一。之后，通用汽车公司对旗下品牌进行了大刀阔斧的出售精简。与此对应的是，除了在客户端显而易见的品牌精简更新，通用汽车公司内部对于产品平台的全球化的大力整合早就已经开始。

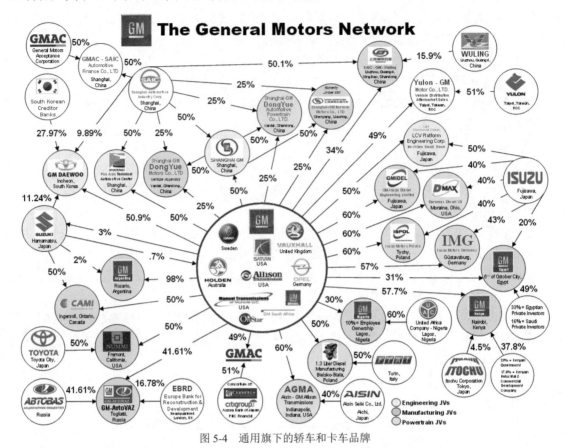

图 5-4　通用旗下的轿车和卡车品牌

5.2　产品设计规划的系统性

5.2.1　系统的思想

　　"系统"的思想源远流长，但作为一门科学的理论学科——系统论，则是由贝塔朗菲创立的。System 一词，来源于古希腊语，是由部分组成整体的意思。随着人们对系统论思想理解的加深，系统被用于各种科学领域内，系统的概念也随之扩大和延展，现在人们从各种角度上研究系统，对系统下定义不下几十种。其中，中文对 System 的解释也有很多，例如，体系、系统、制度、方式、秩序、机构、组织等。目前对系统的概念定义为：由若干要素以一定结构形式连接构成的具有某种功能的有机整体。在这个定义中包括系统、要素、结构、功能四个概念，表明了要素与要素、要素与系统、系统与环境三方面的关系。

　　系统论的核心思想是系统的整体观念。系统的概念真正作为科学概念进入各学科领域是 20 世纪 20 年代以后。20 世纪 40 年代，美国在工程设计中应用了这一概念，到了 20 世纪 50 年代以后，系统概念的科学内涵逐步明确和延伸，在许多科学领域都运用了系统论的思想，就是从整体上、实质上去把握事物。一般认为由两个以上的要素组合而成具有一定结构的整体，就可以看作一个系统。

在设计领域里，乌尔姆设计学院（见图 5-5 和图 5-6）理性设计教育体系的形成，主要是它对系统设计 (System Design) 教育思想的引入和建立。"系统设计的潜台词是以有高度次序的设计来整顿混乱的人造环境，使杂乱无章的环境变得比较具有关联和系统。"系统设计是继科学概念的引入之外，乌尔姆设计学院最重要，也是最为标志性的一个教育理念的提出。此后，系统设计在产品涉及领域里应用广泛。

图 5-5 乌尔姆设计学院的杯具设计

图 5-6 乌尔姆设计学院的家具设计

5.2.2 产品设计规划系统性的具体表现

产品设计是人类创造性的活动，产品是创造后的产物，产品设计作为一种兼具感性与理性的学科本身就具有系统性，因此在产品设计规划中也体现了系统性。具体表现在以下几个方面。

1. 产品的系统性

产品是以为人们服务为目的而存在的，它本身是由若干个相互联系的要素构成的集合体，每一个产品都是一个系统的具体呈现，它包含着从本身材料、结构、工艺等因素的相互影响制约因素到社会、文化和经济背景等因素影响下的产品决策，都体现了多重因素的相互依存和制约。我们发现，许多产品都是以系列化的形式存在，这就是产品的系统性最好的体现。一件作品是一个系统，那么一个系列产品就是一个多级系统，系列产品的出现有着现实意义。

1) 满足多元化需求

系列产品的开发是提高市场竞争力的重要策略，即增加产品的覆盖面和提高产品的适应性。当今市场日益朝着多元化方向发展，多种需求和个性化消费日趋成为主流。在这种形势下，系列产品以其多变的功能或要素的组合方式，构成丰富的产品系统，适应多极化的市场格局、需求的涨落以及产品生命周期的变化，强化了商品的竞争力。

2) 简化生产方式

系列产品产品的各个零件系统化、通用化，大大减少了生产的程序，可能满足使用一套设备或一条生产线，按照固定的顺序生产一种或少数几种类似的产品。这样的产品生产灵活性高，效率高。

2. 设计过程的系统性

从之前介绍过的产品设计程序可以了解到产品设计是一个由多个步骤和部分组成的集合体，每个步骤的分解又是该步骤系统的组成元素之一，它们相互作用、相互依赖，为了达到统一的目的而结合成有机的整体。传统的设计思想主要依靠设计师的经验和情感，随着各个学科的发展和多种学科的交叉，它是多种学科交叉产生的学科，并且科学技术在产品设计中体现得越来越明显。产品设计的概念也在不断调整，现代的产品设计已将对象事物当作一个整体的系统加以认识和研究。也就是说，产品设计是一种综合性的方法系统。

因此，我们要建立这样一个观念：产品设计是一个过程系统，而且从属于更大的系统。这一观念的意义在于：将改变产品设计概念局限于单纯的技能和方法的认识，而将产品设计纳入系统思维和系统操作的过程。将设计的概念从实物水平上升到复杂的系统水平。这与当前科学技术和社会发展是相适应的。

3. 企业内部组织的系统性

一个企业内部本身的组织结构就是一个系统。企业组织架构是企业的流程运转、部门设置及职能规划等最基本的结构依据，常见的组织架构形式包括中央集权制、分权制、直线式及矩阵式等。无论是哪种结构模式，它们都是多层结构多级系统的构成形式，在这个系统里最小的单位便是每一位员工，他们是同级或是上下级的关系。每个层级，每位员工之间及时而有秩序地沟通，相互依存，也是目的统一的有机整体。

4. 商业产品的系统性

商业产品是指通过一系列的产品设计和商业策划等过程，可以投入市场的产品。当产品投入市场，它就已经归属于商业市场的系统里，也就是说产品的开发、生产与流通、消费可以看成不同的系统，前者属于创造价值的系统，后者属于实现价值的系统。产品的流通和消费的系统庞大复杂，在产品设计规划时要充分考虑到这个系统，扩大市场的销售途径和领域非常重要。

5.3　产品的生命周期

产品的生命周期和设计战略休戚相关，对于不同的产品，它们的生命周期是不同的，设计战略也相对不同，然而一个产品在它不同的生命时期，所运用的设计战略也是不同的。因此，了解产品的生命周期是制定产品设计战略的基础。

5.3.1　了解产品的生命周期

每个产品都有其生产使用的生命周期，随着企业间竞争的激烈，科学技术的进步，人们需求的不断多元化，新产品出现的速度迅速增强，产品更新换代的速度也在加快，企业面临着更多的挑战和危机。在信息时代，企业要不断学习，防止思想和技术上的停滞和落后，在挑战中找到新的机遇。

产品的生命周期因产品而异，比如，时装是更新较快的产品，而家具和汽车的生命周期相对较长。每个国家和地区产品的生命周期也不尽相同，这受当地的经济、政治和文化等因素的影响。而且，对于不同用户群，同类产品也会采取不同的生命周期，例如年轻人所用的产品生命周期相对短，而中老年所用的产品生命周期相对长。尽管产品的生命周期不尽相同，但是任何一个产品从其销售量和时间的增长变化来看，从开发生产到形成市场直至衰退停产都遵循一定的规律性，一般把一个产品从投放市场开始到退出市场为止，整个过程称作产品周期。

产品的生命周期是企业和市场经营中至关重要的课题，在进行新产品开发设计时，必须充分考虑产品周期，如图 5-7 所示。

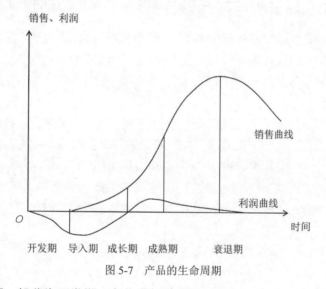

图 5-7　产品的生命周期

产品的生命周期一般分为开发期（企业内部进行的开发研究）、导入期（开始投放市场）、成长前期（被市场认可）、成长后期（与市场竞争）、成熟期（市场饱和状态）、衰退期（被市场淘汰）几个时期。各个时期都有各自的特点和工作内容，现分述如下。

1. 开发期

开发期是投资时期，没有利润。这个时期大致分为设计阶段、评价阶段（评价设计，研究和开发课题阶段）、研究阶段（进行技术可行性论证阶段）、开发阶段（进行生产可行性论证阶段）、商品化生产阶段（进行市场测试，决定商品出售并做好销售准备阶段）5 个阶段。

2. 导入期

导入期也称为市场开拓期或市场开发期。由于产品尚未被市场认识，因而产量、销量均小，企业开工率低，产品成本高，价格高，投资大，常出现赤字，即使有利润也很低。

3. 成长期

成长期也称为竞争期或不安定时期。这个时期产品大批量生产，成本和价格大幅度下降。研究费、设备投资及初期的开发费在这个时期得到补偿。但是，由于有更多的企业生产同类产品，市场竞争日趋激烈，企业为了促销，投入的费用又重新增加，导致利润开始下降。

4. 成熟期

成熟期也称为饱和期。市场基本饱和，由于竞争激烈，价格下降，利润也随之下降，在这个时期经过激烈的竞争，只留下少数的企业，因此，出现占有率上升的倾向。

5. 衰退期

衰退期也称消失期或陈腐化时期。这是由于替代商品的出现和消费者生活习惯的变化等原因，需求逐渐减退。企业开工率低，利润越来越少，广告宣传及各种促销活动几乎无效果，市场占有率急速低下，赤字接踵而至。产品一旦进入衰退期，企业如果没有新的产品推向市场的话，将会陷入困境。

企业要长期持续性地发展，就要充分了解这个时期的特点，充分认识现在生产的商品所处的阶段和面临的危机，不断地开发新产品，储备新产品，以新的主力产品替代衰退产品，确保在竞争中取胜。

5.3.2　产品的生命周期与产品设计战略

长期持续性发展的企业一般都有以下特点：有计划有组织地对企业的产品进行规划和开发；在满足现阶段需求的基础上，着重研究未来产品，积极发现新的机会；企业创新力、执行力强，并且企业内部充满活力，有很好的企业环境和文化。这些都属于企业为了发展制定的一系列战略，其中产品设计战略是核心。

产品的生命周期是产品从开发到结束的整个过程，产品设计战略制定必须要结合产品的生命周期，认识到产品在每个阶段的状态和问题，能够准确掌握产品所处的阶段，在此基础上确认产品在市场中的地位，并结合本企业的实际情况做出相应的战略措施。

在产品生命周期的各时期，产品设计战略可以做如下举措。

(1) 开发期。准确地把握市场和消费者的需求，迅速做出开发提案和企业化的决定等，尽力缩短产品开发的时间。

(2) 导入期。尽快让人们认识产品，广泛进行宣传，以促进销售。

(3) 成长期。进一步宣传产品，提高产品和品牌的认知度，扩大产品的销售途径，确保在市场中抢占先机。在成长后期要制订产品差别的对策（如质量设计、技术服务等）、价格对策，改进质量，增大效用等。

(4) 成熟期。这个时期以更新换代为主，即使降低价格也不能促进需求，可以对产品进行改进，注意发现创造新用途和改进质量，开拓新市场和新的顾客层。

(5) 衰退期。要进行降低成本、促销方法和商品的产量减少或停止等措施。

5.4　产品设计过程控制

5.4.1　什么是产品设计过程控制

产品设计过程控制是企业产品设计规划中重要的组成部分。控制系统论认为因外界不确定性和干扰因素的存在，系统在进展中出现偏差难以避免，如果不进行控制，系统将难以按照预定计划运行。控制是为确保系统按照预定目标，对系统的运行状态和输出跟踪观测，并将观测与预期目标进行比对，如有偏差及时加以纠正的过程。

设计控制是管理者希望设计成果符合所设目标或团队绩效匹配目标，在设计活动中通过对设计效果、进度、成本等进行控制，来协调设计团队和资源，改善绩效，实现项目组织目标的管理过程。设计控制涉及控制的目标、控制的主体、控制的对象以及控制的方法手段。

控制目标是产品设计与开发的目的，为了满足企业、客户或使用者的需求；控制的主体可以是项目投资方、设计主管、项目经理等；控制对象是整个产品设计与开发的所有活动；控制方法手段是产品设计过程控制中运用的方法和方式。

产品设计过程控制需要提前明确它所控制的范围，制定相应的规则，并对控制的目的和方法进行评估，这样做使产品设计过程控制发挥最大的作用，更好地确保产品设计过程按照原先的计划有秩序地进行。产品设计过程控制贯穿整个产品设计与开发的全过程，在每个阶段都有其控制的内容。表 5-2 所示为某开发设计项目计划与控制文件的内容，从中可以看出计划与控制在产品设计过程中的关系。

表 5-2　项目计划与控制文件的内容

项目	计划相关	控制相关
目标控制	设计任务书、计划书	项目简报、需求评估报告
范围控制	招标文件、商务合同、项目结构分解、活动列表、过程记录、流程规范	项目交流报告、问题答疑、变更和修改、商务补充合同、项目竣工(验收)报告
技术支持控制	市场调查、设计行业技术规范、设计算法、制造方法、施工工艺、前期规划	技术资料信息库、配置管理、影响报告、试运行报告、竣工图纸
进度控制	网络图、甘特图、关键日期、里程碑时间计划、水平波动甘特图	进度报告、修订后的甘特图、时间赢得值、趋势进展文件
采购控制	材料与采购清单、采购进度、材料需求计划、采购预算	材料订单、催交状态报告、修订后的采购进度与预算
资源控制	资源预测、资源的可用性、劳动力资源直方图	时间表、资源利用现状、修订的劳动力资源直方图
成本控制	成本结构分解、活动预算、现金流计划	实际与计划比较、已支付成本和项目完成成本、修订的预算、成本赢得值
变更控制	明确定义、对需求进行评审、找出不正确的地方并进行修改	项目沟通、影响报告、不合格报告、变更需求和协调书、修改和变更、合同的补充、图纸的修订、规范与配置修订
质量控制	项目质量计划、质量控制计划、部件列表和规范	检查报告、不合格报告、协调书、变更请求、试运行、施工图纸、竣工图纸、数据资料和操作手册
沟通控制	沟通文件、会议和日程安排	送审程序、会议纪要
人力资源控制	项目组织结构、责任矩阵、工作分配、工作程序	设计师甄选、设计顾问任命、考勤表、绩效评估
环境控制	法律和法规、环境问题、利益相关者分析	综合环境评价报告

5.4.2　产品设计过程控制的程序

产品设计过程控制是一个有计划的管理行为，每项内容与程序都需要提前规定，企业会根据实际情况制定适用的产品设计控制程序。产品设计控制的目的、范围、职责、工作程序、相关文件、相关记录是整个产品设计过程控制需要明确和执行的，是产品设计成功的一个重要保障。以下内容是具体的细则和要求。

1. 目的

对设计和开发全过程进行控制，以确保设计产品的质量满足客户和有关标准、法规的要求。

2. 范围

本程序规定了设计和开发的策划、输入、输出、评审、验证、确认及更改的控制要求。本程序适用本公司各类产品设计的全过程，包括产品的重大技术改进。

3. 职责

(1) 总经理负责批准设计项目，技检副总组织协调设计和开发全过程的工作。

(2) 技术部负责《设计和开发计划书》、设计输出文件、评审验证报告等的编制、样品的制作及整个设计工作的实施。

(3) 市场部负责提供市场调研报告，提出对新产品的设想与要求，并负责新产品的试用安排。

(4) 采购部负责样品及试制所需零部件的采购。

(5) 生产部负责批量试制（试产）的安排。

(6) 质检部负责产品鉴定报告的编制，样品及试制产品的检测。

(7) 相关部门负责各自范围内的配合工作。

4. 工作程序

1) 设计和开发的工作流程

在项目开始阶段，需要制定该项目的设计和开发的工作流程，以及每个部门之间的关系和部门负责人的说明。

2) 设计、开发的策划和输入

(1) 立项的依据、设计和开发的项目来源于以下方面。

◆ 与顾客签订的特殊合同或技术协议。

◆ 市场调研和分析。

(2) 技术部根据以上立项依据，组织编制《设计和开发计划书》，计划书应包括以下内容。

◆ 设计输入、设计输出初稿、设计评审、样品制作、设计验证、设计确认等各阶段的划分和主要工作内容。

◆ 各阶段的人员职责分工、进度要求、信息传递和联络方式。

◆ 需要增加或调整的资源（如仪器、设备、人员等）。

◆ 产品功能、主要技术参数和性能指标及主要零部件结构要求等。

◆ 适用的相关标准、法律法规、顾客的特殊需求等。

◆ 以前类似设计的有关要求，以及设计开发所必需的其他要求，如环境、安全、寿命、经济性等要求。

(3) 每个设计项目均指定具有合适资格的设计人员作为项目负责人，负责设计项目各项工作的开展。

(4) 由技术部组织相关部门对《设计和开发计划书》进行评审（保持评审记录），对其中不完善、含糊或矛盾的要求做出澄清和解决。

经技检副总审批后，作为正式文件予以实施，《设计和开发计划书》将根据设计进展的变化做出修改。

3) 设计输出

(1) 各组设计人员根据《设计和开发计划书》的要求开展各项设计工作，编制相应的设计初稿。包括指导采购、生产、检验等活动的图样和文件，如零件图、部件图、总装图、零件标准件外购外协件清单等，以及产品的技术标准、检验规范、加工工艺等。

(2) 输出设计文件由技术部经理审核，技检副总经理批准后，加盖"新产品"印章并注明有效期后发给相关部门。

(3) 技术部负责编制产品企业标准，规定与产品安全和正常使用所必需的产品特性。

4) 设计评审

(1) 设计初稿完成后，由技检副总经理组织相关部门的代表（必要时可包括有关的专家、外部机构代表、客户代表），对设计满足质量要求的能力进行正式的、综合性的、系统的检查评审，以发现和协商解决设计缺陷和不足。

(2) 设计评审的内容包括：产品的符合性、采购的可行性、加工的可行性、可检验性、结构的合理性、美观性、环境影响等。

设计评审对设计输出的适宜性、关键点以及存在问题的区域，可能的不足做出说明。

(3) 同类产品外形改进及系列产品的补充，可免去本次评审。

(4) 技术部根据评审的内容和结果整理编制《设计评审报告》，做出评审结论。对存在的问题采取必要的改进并做记录。

5) 试制及设计验证

(1) 设计评审通过后，技术部根据相关的设计初稿制作样品，设计人员参与样品的试制。

(2) 由质检部负责对样品进行全面的性能测试，或送权威机构检测，检测后出具相应的测试报告。对于部分结构或功能，可将已经证实的类似设计的有关证据作为本次设计的验证记录。

(3) 根据样品检测结果，技术部对样品与《设计和开发计划书》的符合性做出验证结论。

(4) 经技检副总经理同意，由生产部在技术部配合下进行小批量试产。

(5) 质检部负责对试产的产品进行检验和试验，出具检测报告，并对工艺可行性进行验证。

6) 设计确认

(1) 小批试产合格的产品，按规定的使用条件进行试验，或由市场部负责落实用户试用，试用后综合用户意见，对产品的适用性及满意程度做出评价。必要时由技检副总经理组织召开新产品鉴定会。

(2) 新产品鉴定会需准备如下资料：设计任务书、试制总结报告、产品标准和标准化审查报告、用户试用报告、全套设计图样、使用说明书等。

(3) 新产品鉴定会可邀请外部有关专家参加，通过鉴定后编制《新产品鉴定报告》。

(4) 技术部根据试验报告（或用户试用情况报告）、鉴定意见，进行必要的设计改进，以确保设计的产品满足顾客的期望，所采取的措施要进行必要的记录。

7) 设计正稿

在设计评审和设计验证的过程中，各设计组逐步完善相应的设计文件。通过设计确认后，技术部将所有的设计输出文件整理成正稿，按《受控文件控制程序》的规定进行审批、发放。

8) 设计更改

(1) 设计过程中的设计更改由项目经理根据设计评审、验证、确认报告等指导原设计者进行更改，可在设计初稿上直接划改或更新初稿。

(2) 在产品定型后因下列原因进行的设计更改，由技术部相关设计人员填写《文件更改通知单》，并更改相关图纸资料。

◆ 图样存在设计或制图的差错。

◆ 改进产品结构，改善产品性能，延长使用寿命。

◆ 采用新技术、新材料，贯彻新标准。

◆ 改进工艺性，降低劳动强度。

◆ 在保证质量的前提下降低制造成本。

(3)《文件更改通知单》经技术部经理审核，由技检副总经理批准后按《受控文件控制程序》的规定进行发放，确保相关部门、人员及供应商及时得到更改信息。

(4) 当设计更改涉及主要技术参数和性能指标的改变或者涉及安全、环保要求时，需进行设计更改评审。

记录评审的结果及采取的措施，并报产品认证机构备案，产品认证机构对设计更改认可后方可实施更改；设计更改的评审内容需包括对产品部件和已交付产品的影响及处置。更改实施后须进行重新验证和确认。

5. 相关文件

《受控文件控制程序》，它的目的是对文件进行控制，确保文件的使用场所使用有效文件，并及时从所有发放或使用场所撤回失效或作废文件，防止这些文件被错用、误用，从而保证管理系统的有效运行。

6. 相关记录

(1) 设计和开发计划书 (见表 5-3)。

(2) 设计评审报告 (见表 5-4)。

(3) 设计验证报告 (见表 5-5)。

(4) 客户试用情况报告 (见表 5-6)。

(5) 产品设计文件更改通知单 (见表 5-7)。

表 5-3　设计和开发计划书

项目名称		起止日期	
项目来源		目标成本	
设计人员组成			
设计职责	设计人员	设计职责	设计人员

资源配备 (包括新增或调配的人员、设备及设经费预算)

阶段划分 (经过阶段在□中打勾)	设计人员	责任人	配合单位	完成期限
□设计输入及输入评审				
□方案设计及评审				
□图纸				
□设计验证				

（续表）

□样品试验				
□设计输出评审				
□设计确认				
□型式试验				
□顾客试用（试用报告）				
□产品鉴定会				

备注

编制： 日期： 审核： 日期： 批准： 日期：

表5-4 设计评审报告

设计项目名称		设计阶段	

设计输入参数和指标

设计输出参数和指标

评审内容：□内打 P 表示评审通过，打？表示有建议或疑问。

1. 标准符合性□　2. 采购可行性□　3. 工艺可行性□

4. 可检验性 □　5. 环境影响□

设计的缺陷及改进建议

评审结论

评审人员	工作部门	职务或职称	评审人员	工作部门	职务或职称

编制： 日期： 审核： 日期： 批准： 日期：

表 5-5 设计验证报告

设计项目名称		产品型号规格	
验证方法		样品试验	

验证过程记录

设计验证结论

验证人员:　　　　签字:

备注

编制:　　　　日期:　　　　审核:　　　　日期:　　　　批准:　　　　日期:

表 5-6 客户试用情况报告

产品 / 项目名称		型号规格	
数量		交付日期	
客户名称		使用日期	

客户试用意见

顾客方签字:　　　　日期:

设计部门处理意见

签字:　　　　日期:

表 5-7 产品设计文件更改通知单

产品型号		零部件图号		零部件名称	
		设计更改后图号			
更改理由				更改类别	
零部件验证单编号				实施日期	
更改前内容		更改后内容		通知部门	
				○质量管理部	
				○技术管理部	
				○发动机制造部	
				○整车制造部	
				○发动机研究所	
				○电器室	
				○生产技术部	
				○整车研究所	
				○检测中心	
				○机加工部	
				○涂装生产部	
				○设备工装部	
				○车架制造部	
				○配件部	
				○采购部	
				○计划调度部	
				○客户服务部	
				○发动机销售部	
				○摩托车销售部	
				○市场部	
				○国际贸易部	
已制品处理意见					
会签					
编制		校对		审核		批准	

5.5 产品设计、生产、销售成本核算

产品设计成本、生产成本与销售成本共同构成了产品成本。我们要了解与产品成本相关的概念，一是"费用"，二是"成本"。在会计学中，费用是指企业为销售商品、提供劳务等日常经营所发生的经济利益的流出。费用的发生有三个目的：其一，为取得当期收入而发生；其二，为制造产品而发生；其三，为以后期间取得确定收入而发生。而成本是指企业在生产经营过程中对象化的，以货币表现的为达到一定目的而应当或可能发生的各种资源的价值牺牲或代价。成本属于价值范畴，包括已耗生产资料的转移价值和支付给劳动者的劳动报酬，这两项一起构成成本价值的基础。具体到产品上，产品成本是指企业为生产一定种类、一定数量的产品而发生的各种耗费。

依据不同的需求和不同的角度，产品成本可以有多种不同的分类方式：按照管理以及与产品数量的关系的观点，成本可分为可变成本、固定成本和部分可变成本；按照计入产品成本的方式可分为直接成本和间接成本；按照策略可分为策略成本和非策略成本；按照性质可分为可被精确量化的有形成本和很难或不能被量化的无形成本；按照成本发生的流程可分为设计（研发）成本、制造成本、销售成本、管理成本等；按照成本计算的方法区分，则有作业成本(Activity Based Costing，ABC)、标准成本、批次成本等。

5.5.1　产品设计成本

1. 产品设计成本的概念

产品设计成本是指企业设计一种产品，从开始到完成整个过程所需要投入的成本。实际上是企业在进行产品设计时，根据设计方案中规定使用的材料、生产工艺加工过程等条件计算出来的产品成本，它是一种事前成本，并不是实际成本，是对产品成本的预算。

产品设计成本就是设计出不同材料、技术、工艺、装备、质量、性能、功用等方面设计方案，并对它们进行评估和预测新产品在正式投产后的不同成本水平，这样对于新产品的开发和老产品改造提供了重要的分析材料，目的在于论证产品设计的经济性、有效性和可行性。研究表明：一般情况下，在产品设计阶段所耗用的成本占整个产品成本的比例很少，而产品成本的80%都是在产品设计与开发阶段确定的，因此，产品设计成本的预测非常重要，使企业管理者直观地看到可能投入的成本，分析此产品开发所得到的效益，再决定是否投入或者进一步完善产品设计方案，提高可能性。图5-8直观地揭示了产品设计对产品成本的影响。

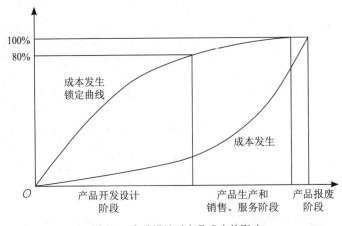

图5-8　产品设计对产品成本的影响

产品设计成本的高低主要取决于产品的材质、结构、零部件的材质以及加工的难易程度。产品设计成本的测算方法有如下几种。

1) 直接法
根据设计方案的技术定额来测算。

2) 概算法
比照类似产品成本来概算。

3) 分析法
通过新老两种产品在结构上、用料上、工艺上的对比分析，计算其差异成本，并进行增减调整，以求得新产品的设计成本。

2. 产品设计成本管理

那么怎样对产品设计成本进行控制呢？对于产品设计成本管理，主要是对各种产品设计概念的成本方案进行分析，从中选出最优的设计方案，并且在确定方案后，由会计人员和工程技术人员一起，考察分析相关产品的工艺特点、原材料耗费、消费者需求等，运用价值工程等方法优化设计方案，以达到控制设计成本的目的。

在产品设计工作中要依据产品设计规划，按照步骤和程序来推进设计的进程。其中要重视的是技术任务书、技术设计和工作图设计等提供具体设计要求和技术要求的文件。

(1) 技术任务书是产品在初步设计阶段，由设计部门向上级对计划任务书提出体现产品合理设计方案的改进性和推荐性意见的文件。经上级批准后，作为产品技术设计的依据。其目的在于正确地确定产品最佳总体设计方案、主要技术性能参数、工作原理、系统和主体结构，并由设计员负责编写。

(2) 技术设计的目的是在已批准的技术任务书的基础上，完成产品的主要计算和主要零部件的设计。

(3) 工作图设计的目的是在技术设计的基础上完成供试制（生产）及随机出厂用的全部工作图样和设计文件。设计者必须严格遵守有关标准规程和指导性文件的规定，设计绘制各项产品工作图。

产品加工阶段的产品设计控制主要是考察加工工时及生产工序设计是否合理。这些项目对成本水平的高低也有重要的影响，若产品的加工工序比较合理，则所花费的各工序的结转费用就少，否则就会增加这方面的费用支出。制造技术部门负责确定制造工艺，制造技术部在确定工艺方案后，应开展工艺成本的预测，并进行工艺成本定量分析。

产品设计后期，还要对产品进行小规模生产。小规模生产阶段是对产品开发过程的整个系统（设计、详细设计、工具与设备、零部件、装配顺序、生产监理、操作工、技术员）进行测试，目的在于观察各个阶段之间的安排是否合理，并且可以预测市场对产品的接受程度，再对产品进行完善和调整。

另外，产品的系列化、零部件的标准化和通用性以及产品结构模块化也是简化产品设计成本的方法。产品系列化是对使用条件相同、设计依据相同和结构与功能相同的产品将其基本尺寸和参数按一定的规律编排，建立产品系列型谱，以减少产品品种，简化设计；零部件通用化是在产品系列化的基础上，在不同型号的产品之间扩大通用的零部件。产品结构模块化是另一种简化设计、减少零部件总数的设计合理化措施。它是将产品部件按功能特征分解成相对独立的功能单元，并使它们的接口（结合要素形状、尺寸）标准化，使它们成为可以互换、可按不同用途加以选用组合的标准模块。这些模块的不同结合，或模块与其他部件的组合就能构成各种变形产品，以满足不同的订货需要。

这两种措施都是通过扩大产品结构的继承性来简化设计，提高设计工作效率，缩短设计周期。这些都将给产品的设计、制造、使用和维修等带来显著的经济效益。除了上述两种方法以外，缩短新产品设计开发时间的技术和方法还包括计算机辅助设计和并行工程等。计算机辅助设计将新产品设计开发过程中大量烦琐的重复性劳动，如插表、计算、绘图、制表等交给计算机来处理，从而大大地提高了设计开发工作的效率，缩短了新产品设计的开发周期；而并行工程则是在开发设计新产品时，同步地设计产品生命周期的有关过程，力求使产品开发人员在设计阶段就考虑到整个生命周期的所有因素，包括设计、分析、制造、装配、检验、维护、可靠性和成本等。

5.5.2 生产成本

生产成本也称制造成本，是指生产活动的成本，即企业为生产产品而产生的成本。生产成本由直接材料、直接人工和制造费用三部分组成。直接材料是指在生产过程中的劳动对象，通过加工使之成为半成品或成品，它们的使用价值随之变成了另一种使用价值；直接人工是指生产过程中所耗费的人力资源，可用工资额和福利费等计算；制造费用则是指生产过程中使用的厂房、机器、车辆及设备等设施及机物料和辅料，它们的耗用一部分通过折旧方式计入成本，另一部分通过维修、定额费用、机物料耗用和辅料耗用等方式计入成本。

按照生产成本计入方式的不同可分为如下几种。

1. 直接费用

直接费用是指企业在生产产品的过程中所产生的直接材料费用、直接人工费用和其他直接费用。

1) 直接材料费用

直接材料费用是指企业在生产产品过程中所消耗的，直接用于产品生产，构成产品实体的原料、主要材料、外购半成品及有助于产品形成的辅助材料和其他材料费用。

2) 直接人工费用

直接人工费用是指企业在生产产品过程中，直接参加产品生产的工人工资以及按生产工人工资总额和规定的比例所计算提取的职工福利费等。

3) 其他直接费用

其他直接费用是指企业发生的除直接材料费用和直接人工费用以外的，与生产产品有直接关系的费用。直接费用应当按照其实际发生数进行核算，按照成本计算对象进行归集，直接计入产品的生产成本。

2. 间接费用

间接费用是指不能直接计入各产品生产成本的有关费用，主要是指企业各生产部门为组织和管理生产而发生的各项间接费用，包括工资和福利费、折旧费、修理费、办公费、水电费、物料消耗、劳动保护费以及其他制造费用。间接费用应当按一定的规则和方法计入相关产品的生产成本。

企业一定期间的直接费用和间接费用与产生的生产成本，企业应当根据实际情况，确定当期产品的单位生产成本。构成企业一定期间的生产成本总额，对于当期选择合理的成本计算方法，进行成本计算，按照生产成本的经济内容，生产成本可以分为如下几种。

1) 外购材料费用

外购材料费用是指企业为生产而耗用的一切从外部购入的原材料、半成品、辅助材料、包装物、修理用备件和低值易耗品等。

2) 外购燃料费用

外购燃料费用是指企业为进行生产而耗用的一切从外部购进的燃料。

3) 外购动力费用

外购动力费用是指企业为进行生产而耗用的从外部购进的各种动力。

4) 工资费用及职工福利费用

工资费用及职工福利费用是指企业应计入生产费用的职工工资以及按照工资总额的一定比例提取的职工福利费。

5) 折旧费用

折旧费用是指企业所拥有的或控制的固定资产按照使用情况计算的折旧费用。

6) 利息支出

利息支出是指企业为筹集生产经营资金而发生的利息支出。

7) 税金

税金是指企业应计入生产费用的各种税金，如房产税、车船使用税、土地使用税。

8) 其他支出

其他支出是指不属于以上各项目的费用支出。

生产成本按经济内容进行分类，可以反映企业在一定时期发生了哪些费用，并且各个数额的多少体现了企业各个时期各种费用占全部费用的比重。

在市场经济条件下，企业要想获得利益就要尽量减少成本，增加销售收入，因此，生产成本控制是企业成本管理中极其重要的工作。

5.5.3　销售成本

销售成本是指已销售产品的生产成本或已提供劳务的劳务成本以及其他销售的业务成本。销售成本包括主营业务成本和其他业务支出两部分，其中，主营业务成本是指企业销售商品产品、半成品以及提供工业性劳务等业务所形成的成本；其他业务支出是指企业销售材料、出租包装物、出租固定资产等业务所形成的成本。

简单来说，销售成本的计算公式为：销售成本＝工厂成本＋销售费用。

销售成本通常来源于销售的结转。销售成本的结转有随销售随结转和定期结转两种做法。随销售随结转即在商品销售的同时结转成本，定期结转一般在月终一次结转成本。销售成本结转的方式有分散结转和集中结转两种。分散结转方式是按照库存商品明细账户逐一计算商品销售成本。这种方式计算工作量较大，但能提供每个品种的销售成本详细信息。集中结转方式是按照库存商品明细账户的期末结存数量乘以进货单价，计算出期末结存金额，然后按大类汇总，在商品类目账上算出销售成本，并进行集中结转。这种方式工作简化，但不能提供每一种商品的销售成本。

销售成本的核算对于市场上不同的角色，有不同的销售成本核算方法，下面进行简单介绍。

1. 工业企业产品销售成本的核算

工业企业产品销售成本是指已售产成品、自制半成品或提供工业性劳务的实际成本。由于提供工业性劳务的成本计算程序较为简单，而自制半成品出售次数较少，在此仅以产成品为例说明工业企业产品销售成本的核算方法。产成品同其他存货的核算一样，可以按实际成本计价，也可以按计划成本计价。在产品种类不多的情况下，可按实际成本计价；如果品种规格较多，则按计划成本计价。

1) 产品按实际成本计价

产品按实际成本计价时，产品一般是分批生产形成的，同一类型的产品由于材料、人工费用的变动使得其生产成本不同，从而导致其销售成本不同。根据财政部颁发的《企业存货准则》的有关规定，对于销售的产成品，其单位销售成本的确定方法与发出材料单位成本的确定方法基本相同，可以采用先进先出法、后进先出法、加权平均法、移动加权平均法及个别计价法确定。销售成本的计算方法一经确定，年度内不得随意改变。根据计算的结果，可作如下会计分录。

借：主营业务成本

　　贷：库存商品

2) 产品按计划成本计价

产品按计划成本计价时，计算销售成本的原理同材料按计划成本计价确定发出材料实际成本的原理一样。当产成品入库时，"库存商品"科目借方登记已验收入库的产成品计划成本，产成品计划成本与实际成本的差异登记在"材料成本差异"科目。产品入库时，"材料成本差异"科目借方结转入库产品超支差，贷方结转入库产品节约差；产品销售时，按计划成本由"库存商品"科目的贷方转到"主营业务成本"科目的借方，同时计算销售产品应负担的成本差异，将产成品的计划成本调整为实际成本。其计算公式为：

$$产品成本差异率 = \frac{月初结存产品的成本差异 + 本月入库产品的成本差异}{月初结存产品的计划成本 + 本月入库产品的计划成本} \times 100\%$$

已销产品应分摊的差异额 = 已销产品的计划成本 × 材料成本差异率

公式中的分子应按差异的性质确定正负符号，实际小于计划为节约用"−"号，实际大于计划为超支用"+"号。根据计算结果，其一般账务处理如下。

① 产成品按计划成本入库

借：库存商品（计划成本）

  材料成本差异（节约记贷方）

  贷：生产成本——xx 产品（实际成本）

② 销售产品，结转销售成本

借：主营业务成本（计划成本）

  贷：库存商品（计划成本）

③ 结转销售产品应分摊的差异

借：主营业务成本（超支用蓝字，节约用红字）

  贷：材料成本差异（超支用蓝字，节约用红字）

例 1　某工业企业库存商品月初结存计划成本为 49 410 元，本月入库产成品实际成本为 114 800 元，计划成本为 105 500 元。本月销售产成品计划成本为 111 280 元，"材料成本差异"账户月初借方余额为 3 140 元。要求计算销售产品应分摊的差异并作相关会计分录。

差异率 =[3 140+(114 800−105 500)]÷(49 410+105 500)×100%=8%

销售产品应分摊的差异 =111 280×8%=8 092

借：库存商品 105 500

  材料成本差异 9 300

  贷：生产成本 114 800

销售产品，按计划成本结转销售成本时：

借：主营业务成本 111 280

  贷：库存商品 111 280

结转销售产品应分摊的差异时：

借：主营业务成本 8 903

  贷：材料成本差异 8 903

2. 商品流通企业销售成本的核算

商品销售成本是指已销商品的进价成本，即购进价格。由于商品的进货渠道、进货批量、进货时间和付款条件的不同，同种规格的商品，前后进货的单价也可能不同。除了能分清批次的商品可以按原进价直接确定商品销售成本外，一般情况下，出售的商品都要采用一定的方法来确定一个适当的进货单价，以确定商品销售成本和确定期末商品的库存价值，据以核算商品销售损益，客观地反映经营成果。现就商品流通批发企业和商品流通零售企业成本的核算分述如下。

1) 商品流通批发企业

商品流通批发企业一般按商品进价进行库存商品的核算，与工业企业产品按实际成本计价的核算原理相似，对于销售的库存商品，其单位销售成本的确定方法可以采用先进先出法、后进先出法、加权平均法、移动加权平均法、个别计价法、最后计价法和毛利率法等方法确定。下面仅对计价法和毛利率法进行基本介绍。

① 最后进价法

最后进价法是指在计算期内选择商品主要进货地区的最后一次进货单价，乘以该种商品的期末结存数量，计算出期末库存商品的价值，然后逆算出本期商品销货成本的一种方法。其计算公式如下：

期末结存商品金额 = 期末结存商品数量 × 最后一次商品购进单价

本期商品销售成本 = 期初结存商品金额 + 本期收入金额 − 本期非销售金额 − 期末结存商品金额

采用此方法计算出的期末库存商品金额最接近市场价格，且成本计算工作量较小。但当购进商品价格变动较大时，采用此法会使商品销售成本的准确性受到影响。因此，这种方法一般适用于经营商品的价格比较稳定，并定期结转商品销售成本的企业。

② 毛利率法

毛利率法是根据本期销售净额乘以前期实际（或本期计划）毛利率匡算本期销售毛利，据以计算发出存货和期末存货成本的一种方法。它是建立在假定企业各期的销货毛利率相同或相近的基础之上的。其计算公式为：

销售净额 = 主营业务收入 − 销售退回与折让

销售毛利 = 销售净额 × 毛利率

销售成本 = 销售净额 − 销售毛利

期末存货成本 = 期初存货成本 + 本期购货成本 − 本期销售成本

例 2　某商业批发公司 2003 年 1 月 1 日 A 类商品库存为 180 000 元，月末购进为 360 000 元，本月销售收入为 470 000 元，发生的销售折让为 36 000 元，上季度该商品的毛利率为 20%。

计算本月销售商品和月末结存商品的成本：

销售净额 = 470 000−36 000 = 434 000（元）

销售毛利 = 434 000 × 20% = 86 800（元）

销售成本 = 434 000−86 800 = 347 200（元）

月末存货成本 = 180 000+360 000−347 200 = 192 800（元）

毛利率法是商业批发企业常用的计算本期商品销售成本和期末库存商品价值的方法，计算原理简单，但由于商品销售成本不是按每一商品品种逐一计算，而是按全部商品或商品大类计算，其结果往往不够准确，因此，毛利率法一般只在每季度的前两个月使用，最后一个月可采用加权平均法等其他存货计价方法进行调整。

2) 商品流通零售企业

商品流通零售企业一般按商品售价进行库存商品的核算。其销售成本核算的特点是：日常按商品售价结转商品销售成本，月末通过计算和结转已销商品的进销差价，将商品销售成本由售价成本调整为进货成本。因此，计算商品销售成本，关键是确定已销商品应分摊的进销差价。商品零售企业计算已销商品进销差价的方法有综合差价率计算法、分类（组）差价率计算法和实际进销差价计算法，下面对综合差价率计算法和分类（组）差价率计算法进行基本介绍。

① 综合差价率计算法

综合差价率计算法是根据总账所反映的全部商品的存销比例，计算本期销售商品应分摊进销差价的一种方法。其计算公式为：

$$综合差价率 = \frac{结转前"商品进销差价"账户余额}{期末"库存商品"账户余额 + 期末"受托商品"账户余额 + 本期"主营业免收入"账户贷方发生额} \times 100\%$$

本期销售商品的实际成本 = 本期"主营业免收入"账户贷方发生额 − 本期已销商品应分摊的进销差价

例 3 某零售商场月末有关商品进销差价计算资料如表 5-8 所示。

表 5-8 商品进销差价计算资料

单元：元

柜组	月末分摊前"商品进销差价"账户余额	月末"库存商品"账户余额	本月"主营业务收入"账户贷方发生额
服装	289 612	624 560	823 500
针棉	148 691	398 720	530 600
百货	86 940	257 900	367 800
其他	32 578	65 480	133 400
合计	557 821	1 346 660	1 855 300

综合差价率 =557 821/(1 346 660+1 855 300)×100% =17.42%

已销商品应分摊的进销差价 =1 855 300×17.42% =323 193.26（元）

商品销售成本 =1 855 300−323 193.26=1 532 106.74（元）

用综合差价率计算法计算简便，但不适宜经营品种繁多的企业。因为各种商品的进销差价不一，每期各种商品销售比重又不尽相同，容易出现偏高或偏低的情况，影响商品销售毛利及库存商品价值的正确性。

② 分类（组）差价率计算法

分类差价率计算法是根据企业的各类（组）商品存销比例，平均分摊进销差价的一种方法，计算原理与综合差价率计算法基本相同。依照例 3 给的资料，计算各组已销商品进销差价，如表 5-9 所示。

表 5-9 已销商品进销差价计算表

单元：元

柜组	月末分摊前"商品进销差价"账户余额	月末"库存商品"账户余额	本月"主营业务收入"账户贷方发生额	进销差价率 /%	已销商品进销差价	已销商品销售成本
	(1)	(2)	(3)	(4)=(1)/[(2)+(3)]	(5)=(3)×(4)	(6)=(3)−(5)
服装	289 612	624 560	823 500	20	164 700	658 800
针棉	148 691	398 720	530 600	16	84 896	445 704
百货	86 940	257 900	367 800	13.89	51 087	316 713
其他	32 578	65 480	133 400	16.38	21 851	111 549
合计	557 821	1 346 660	1 855 300	17.42	323 193	1 532 107

根据计算出来的已销商品应分摊的进销差价应作如下调整会计分录：

借：商品进销差价 323 193

　贷：商品销售成本 1 532 107

5.6　撰写产品设计规格书

产品设计规格书又称为产品任务书，是对某一产品设计项目提出的具体要求、人物、指标、原则、规定的书面文件。产品设计规格书是研究者根据前期调研，提出的拟生产、开发产品或新产品的实用技术文书，涉及产品原理、结构、性能、指标、用途以及实用要求。产品设计规格书是研究者在进行大量的产品设计调研后，并在征求生产技术人员意见后编制的技术文书。

产品设计规格书是用户、生产协作单位和上级主管部门检验产品质量、性能的重要依据。产品设计规格书的作用就是全面地表述出产品的设计思想及要求，具体地向产品设计与生产部门明确产品必须要达到的要求。产品设计规格书非常重要，它是设计师设计产品的具体化的基础，是样品测试、小批量生产、批量生产、技术检测和鉴定的依据，也是用户和上级主管部门检验产品质量与性能的重要依据。产品设计规格书越是细致就越有利于产品设计顺利的推进。

编写产品设计规格书要在充分的产品设计调研的基础上进行，对获得的资料进行分类归纳、整理和分析、比较，以确定科学、先进、合理的产品结构，要全面调查、了解、掌握市场需求，使得产品性能、用途、使用、维修方面能满足用户需要和市场需求，实现技术经济效用最大化。另外，在编写产品设计规格书时，要条理清楚，在文字表达上要具体、明确，文字要流畅、规范。

下面以智能手机设计为例进行介绍，表 5-10 所示为产品设计规格书所要包含的内容。

表 5-10　产品设计规格书所包含的内容

序号	功能分类	厂商应答内容（必填列）	备注说明	说明
1.00	产品基本信息			
1.01	产品型号			说明产品型号名称
1.02	产品品牌			说明产品品牌
1.03	方案提供商			说明提供产品设计的方案公司名称
1.04	生产厂商			说明该产品制造工厂，应与入网认证名称保持一致
1.05	产品例图	产品最终上市的外观（包括 Logo、快捷键等）		正面屏幕点亮效果图（.jpg 文件）
1.06	产品上市时间			指产品正式上市销售的年份和月份（格式如 2009-7-30）
1.07	产品市场定位			简单描述该产品面向的用户群、性别、职业、年龄层次
1.08	产品销售卖点			简单描述该产品外观、功能、支持的功能业务卖点
1.09	产品标准配置			描述完整包装的标准配件（如机头/电池/充电器/耳机等）
1.10	芯片平台			说明采用的基带芯片方案（如QSC6020等），CG 双模产品同时需要说明 GSM 的平台
1.11	应用处理器品牌及型号			说明产品采用的应用处理器品牌及型号

（续表）

序号	功能分类	厂商应答内容（必填列）	备注说明	说明
1.12	应用处理器主频			说明应用处理器主频，单位：MHz
1.13	网络频段			描述该产品支持的网络频率（如 CDMA 800MHz 等）
1.14	网络支持			描述该产品支持的网络制式（如 1X、Rev.0、Rev.A 等）
1.15	分集接收天线			描述该产品设计中是否支持分集接收天线
1.16	待机类型			选择待机类型（双网双待、双网单待、单网单待）
1.17	产品建议零售价格			电子平台的零售价格／实体店的零售指导价格，单位：元
2.00	产品功能信息	功能描述		
2.01	产品外观设计	外观类型		如有两种以上方案，请备注说明
2.02		天线设计		
2.03		外壳材质		
2.04		第一配色方案		
2.05		第二配色方案		
2.06		产品尺寸		毫米（mm）为计量单位
2.07		产品重量		克（g）为计量单位，含电池的重量
2.08	产品外围接口	电源接口		说明接口类型及规格
2.09		耳机接口		说明接口类型及规格
2.10		其他接口		说明接口类型及规格
2.11	产品屏幕设计	屏幕数量		说明单屏幕或双屏幕显示
2.12		主屏幕尺寸		计量单位为英寸，如有多屏幕，则备注说明各个屏幕的显示尺寸
2.13		触摸屏类型		请选择触摸屏类型
2.14		屏幕分辨率		VGA、HVGA、WVGA 等，其他情况请备注说明
2.15	产品键盘设计	键盘类型		说明是标准键盘、全键盘或虚拟键盘等
2.16		键盘材质		说明键盘的材质，需翻译为中文（如工程塑料等）
2.17	话机内存	用户可用 RAM		只需填写数字，单位：MB
2.18		用户可用 ROM		支持的扩展内存卡格式，最大容量
2.19		Flash 内存		最大支持通讯录数量，单位：条
2.20		扩展内存		最大数量，单位：条
2.21		电话簿容量		最大数量，单位：条
2.22		短信收件箱		
2.23		短信发件箱		
2.24		短信草稿箱		
2.25		通话记录已接		
2.26		通话记录已拨		
2.27		通话记录未接		

（续表）

序号	功能分类	厂商应答内容（必填列）	备注说明	说明
2.28	多媒体支持能力	音频播放 / 管理		详细支持音频格式 (MP3、AAC 等)
2.29		视频播放 / 管理		详细支持视频格式 (3GP、MP4、H.264 等)
2.30		主摄像头		主摄像头像素，单位：万
2.31		副摄像头		如有副摄像头，填写副摄像头像素，单位：万
2.32		微距功能		（支持 / 不支持），摄像头是否支持微距功能
2.33		分辨率		主摄像头分辨率
2.34		摄像头闪光灯		（支持 / 不支持），是否有摄像头闪光灯
2.35		摄像头变焦		（支持 / 不支持），摄像头是否支持变焦功能
2.36		摄像头防抖		（支持 / 不支持），摄像头是否支持防抖功能
2.37		摄影功能		（支持 / 不支持），是否支持摄影模式
2.38		FM 广播功能		（支持 / 不支持），并备注说明耳机收听 FM 或可支持 FM 外放
2.39		FM 同步录音		（支持 / 不支持），是否支持 FM 同步录音
2.40	电视功能			（支持 / 不支持），并备注说明电视接收的技术体制是模拟电视或 CMMB 制式
2.41	与外部设备的数据同步或通信能力	PC 同步		（支持 / 不支持），说明是否支持通过 USB 数据线与 PC 同步
2.42		ActiveSync		（支持 / 不支持），选择是否支持 ActiveSync 进行同步
2.43		Modem 功能		（支持 / 不支持），说明是否支持使用手机作为 Modem 上网
2.44		红外无线通信		（支持 / 不支持）
2.45		蓝牙无线通信		（支持 / 不支持）
2.46		WLAN 无线通信		（支持 / 不支持），并备注说明支持 WAPI/WiFi
2.47	电源管理能力	电池类型		电池材质（锂电等)
2.48		电池容量		计量单位：毫安时 (mAh)
2.49		通话时间		计量单位：分钟
2.50		待机时间		计量单位：小时
2.51		本地音频连续播放时长		计量单位：小时
2.52		本地视频连续播放时长		计量单位：小时
2.53	人机界面 UI 设计	图形菜单		9 宫格 /12 宫格 / 树形菜单 / 其他
2.54		Widget 技术		（支持 / 不支持）
2.55		动画屏保		（支持 / 不支持）
2.56		待机图片		（支持 / 不支持）
2.57		Touch 技术		说明是否支持 Touch 技术，并备注说明技术名称 (如 Touch Flo 等)
2.58		重力感应器		（支持 / 不支持）
2.59		方向感应器		（支持 / 不支持）
2.60		其他设计		请说明其他有特色的 UI 设计

（续表）

序号	功能分类	厂商应答内容（必填列）	备注说明	说明
2.61	通话管理	来电识别		（支持／不支持），备注说明来电识别实现方式（铃声、图片大头贴等）
2.62		免提功能		（支持／不支持）
2.63		自动重拨		（支持／不支持）
2.64		自动应答		（支持／不支持）
2.65		快速拨号设置		（支持／不支持）
2.66		会议电话（三方）		（支持／不支持）
2.67		话费管理（计时／计数）		（支持／不支持），并备注说明管理类型（计费／计时）
2.68		语音拨号		（支持／不支持）
2.69		通话录音		（支持／不支持），备注说明支持最大通话录音时间，录音音频文件的格式
2.70	通讯录管理	号码分组		（支持／不支持）
2.71		通讯录快速查询		按首字母／姓名／组别／号码／模糊查询等
2.72		通讯录容量查询（包括话机／UIM 卡通讯录容量查询）		（支持／不支持）
2.73	短信管理	短信群发		（支持／不支持），是否支持短信群发功能
		短信群发最大数量		说明支持的最大群发数量，单位：条
2.74		常用短信设置		（支持／不支持）
2.75		短信容量查询（包括话机／UIM 卡容量查询）		（支持／不支持）
2.76	语言支持			说明支持的语言列表（中文简体、繁体、英文、其他语言等）
2.77	文字输入管理	文字输入方式		（支持／不支持），请选择文字输入方式
2.78		支持文本输入类型		拼音、笔画、数字、英文、符号等
2.79		输入法		T9、Zi、中文联想等说明
2.80	智能操作系统			说明采用的 OS 类型及版本，Windows、Linux 或 Symbian，并备注说明系统版本
2.81	办公工具	文件管理		支持的文件格式 (word/txt/powerpoint/pdf/excel 等)，支持浏览／编辑
2.82		名片扫描		（支持／不支持）
2.83	安全工具	呼入电话限制		（支持／不支持）
2.84		开机密码保护		（支持／不支持）
2.85		自动锁键盘		（支持／不支持）
2.86		其他安全功能		对安全功能进行说明
2.87	娱乐工具	内置游戏		说明内置游戏数量、名称等
2.88		录音铃声设置		（支持／不支持）
2.89		铃声编辑		（支持／不支持）

（续表）

序号	功能分类	厂商应答内容（必填列）	备注说明	说明
2.90	常用工具	开机闹钟		（支持/不支持）
2.91		关机闹钟		（支持/不支持）
2.92		语音报时		（支持/不支持）
2.93		日历（支持农历）		（支持/不支持）
2.94		备忘录/日程表		（支持/不支持）
2.95		计算器		（支持/不支持）
2.96		定时器		（支持/不支持）
2.97		秒表		（支持/不支持）
2.98	其他特色功能			说明其他特色卖点、功能
3.00	应用的支持能力			
3.01	应用	长短信		（支持/不支持）
3.02		彩信		（支持/不支持）
3.03		WAP		（支持/不支持），并备注说明平台版本
3.04		BREW		（支持/不支持），并备注说明平台版本
3.05		JAVA		（支持/不支持），并备注说明平台版本
3.06		视频通话		（支持/不支持）
3.07		流媒体		（支持/不支持）
3.08		GPSone		（支持/不支持）
3.09		独立 GPS		（支持/不支持）
3.10		WWW 浏览		（支持/不支持）
3.11		浏览器品牌型号		请说明浏览器品牌及型号

参考文献

[1] 柳冠中. 设计方法论. 北京: 高等教育出版社, 2011.

[2] 李乐山. 设计调查. 北京: 中国建筑工业出版社, 2007.

[3] 马澜, 马长山. 产品设计规划. 长沙: 湖南大学出版社, 2010.

[4] [英] 保罗·罗杰斯, [英] 亚历克斯·米尔顿. 国际产品设计经典教程. 陈苏宁, 译. 北京: 中国青年出版社, 2013.

[5] 肖世华. 工业设计教程. 北京: 中国建筑工业出版社, 2007.

[6] 保罗·海格, 尼克·海格, 卡洛尔–安·摩根. 市场调查宝典——行动纲要. 林岱, 译. 上海: 上海交通大学出版社, 2005.

[7] 郑巨欣, 连冕. 设计管理学导论. 杭州: 浙江大学出版社, 2014.

[8] 吴翔. 产品系统设计——产品设计 (2). 北京: 中国轻工业出版社, 2000.

[9] 熊细银, 熊晴海, 严春容. 管理会计. 北京: 清华大学出版社, 2006.

[10] 陈国辉, 迟旭升. 基础会计. 大连: 东北财经大学出版社, 2003.

[11] 郭焘. 产品设计中的产品成本控制与优化研究. 重庆: 重庆大学出版社, 2007.